NEW DEVELOPMENT OF
CAPTION AND MEDIA

字幕とメディアの新展開

多様な人々を包摂する
福祉社会と共生のリテラシー

柴田邦臣
吉田仁美
井上滋樹
［編著］

青弓社

字幕とメディアの新展開　多様な人々を包摂する福祉社会と共生のリテラシー　目次

はじめに──「字幕・社会・メディア」をめぐる冒険　柴田邦臣　9

第1部　「字幕・キャプション」の発見
──課題設定と先行研究の整理

第1章　キャプション・合理的配慮・エンハンスメント
──「字幕・新時代」の息吹にふれて
　　　　　　　　　　　　　　　　　柴田邦臣　15

1　課題の設定「字幕・新時代」の息吹　15
2　仮説I　字幕の必要性と量的拡大　22
　　──「合理的な配慮としてのキャプション」
3　仮説II　字幕の可能性と質的深化　27
　　──「表現の拡張としてのキャプション」

第2章　キャプションの現状と政策
──字幕付きテレビコマーシャルの先行研究
　　　　　　　　　　　　井上滋樹／吉田仁美　37

1　アメリカでのキャプションの歴史　37
2　アメリカのキャプションとテレビコマーシャル　38
3　日本の放送字幕について──行政のこれまでの取り組みから　40
4　コマーシャルにキャプションを付けること──日本の現状と政策　42
5　コマーシャルにキャプションを付ける──先行研究と現在の課題　43

> コラム1　「障害」とは何か？　　　　　　　　　柴田邦臣　48
> 　　──「社会モデル」とインクルーシブ教育

第2部 字幕・キャプションの現実
―― 博報堂テレビコマーシャル調査から

第3章 字幕は、誰のものか?
―― キャプションのニーズ拡大

吉田仁美／井上滋樹／阿由葉大生　55

1　調査の背景　55
2　調査Iの目的と方法　56
3　キャプションの認知と意向　57
4　高齢者と聴覚障害者の共通性　58
5　高齢者――キャプションの潜在的なユーザー　67

第4章 字幕は、何のためか?
―― 新しい表現技法としてのキャプション

柴田邦臣／歌川光一　69

1　調査の概要　70
2　コマーシャル表現とクローズドキャプション　72
3　分析――キャプションの影響とその原因　79

コラム2　「キャプション研究」の社会調査　阿由葉大生／柴田邦臣　84
――分析手法とそのねらい

第3部 字幕・キャプションの未来
——考察と結論

第5章 〈近頃聞こえにくい〉高齢者と家族のテレビ視聴
——字幕・キャプションと「リビングルームの平和」
歌川光一　93

1　〈近頃聞こえにくい〉高齢者のテレビ視聴　94
2　気になる家族の存在——「リビングルームの冷戦」　97
3　字幕・キャプション付きコマーシャルへの期待？　99

第6章 字幕の評価とキャプションのリテラシー
阿由葉大生　104

1　聴覚障害者の視聴デバイス利用　105
2　クラスタごとのコマーシャル評価　107

第7章 難聴者のアイデンティティー
吉田仁美　118

1　難聴者のアイデンティティー、障害の受容　118
2　アイデンティティーによるキャプションの評価の差　123
3　障害者の権利としての情報アクセス　128

コラム3　メディアとは何か？　柴田邦臣　133
　　　——コンヴィヴィアリティ・アクセシビリティ・リテラシー

第8章 結論 インクルーシブ・コンヴィヴィアル・メディア
――福祉社会と共生のリテラシーのために

柴田邦臣　138

1 「できないことができるようになると、世界が変わる」ことについて　138
　――本書の意味
2 仮説Ⅰの検証――「合理的な配慮としてのキャプション」　139
3 考察1　「合理性の規準」とインクルーシブな社会　142
4 仮説Ⅱの検証――「表現の拡張としてのキャプション」　145
5 考察2　「状況の定義」とコンヴィヴィアルなメディア　147

第9章 まとめ コマーシャルのキャプション付与に関する政策提言
――インクルーシブでダイバーシティな社会の実現に向けて

井上滋樹　153

1 字幕100年の歴史から　153
2 誰のためのキャプションか?　156
3 どのようなコンテンツに字幕が必要なのか　157
4 情報の魅力について――コンヴィヴィアルなメディア　158
5 文化の相互理解を進める字幕メディアの新展開　159
6 コマーシャルの字幕付与に関する政策提言　160
　――インクルーシブでダイバーシティな社会の実現に向けて

補章	テレビコマーシャルのクローズド・キャプションによる字幕の有効性に関する研究
	——調査の報告と単純集計 柴田邦臣／阿由葉大生 164

1　調査の目的と方法　164
2　質問票調査の実施(調査I)　165
3　調査Iの結果の概要　166
4　対面インタビューの概要(調査II)　169

横断タグ一覧表　173

おわりにかえて　　　　　　　　　　　　　　　　　　柴田邦臣　177

装丁——佐々木由美 ［デザインフォリオ］

はじめに——「字幕・社会・メディア」をめぐる冒険　　　　　柴田邦臣

「たった一言が、すべてを語り尽くす」ということがある。一方で、言葉を尽くしても自分の思いがちっとも届かない、ということもあるだろう。だから「情報」は、たくさん発信され、たくさん受信されればいい、というものではない。たくさん見えていたりたくさん聞こえていたりしても、伝わらないものは伝わらない。逆に、何を伝えるべきか、どう伝えるかさえしっかりしていれば、仮に目が見えていなかったり耳が聞こえていなかったりしても、確実に伝わるだろう。

　それではあなたは、自分の思いを、本当に人に伝えることができているだろうか。もし、それができていないとしたら、いったいなぜなのだろうか。何がそれを可能にして、何がそれをさまたげているのだろうか。

　重要なのは、必要な人に必要な言葉を必要なだけ届けるという、その「技（わざ）」なのだと思う。伝えたいことがたくさんあるのに、伝えたいことはなかなか伝わらない。だから問題は、必要な人に必要な言葉を届けることがどれほど難しいか、というところにある。言うはやさしいが、おこなうのは難しい。私たち人間は、何によっていかに伝えるかをずっと追い求めてきた。その攻究の結晶が、「メディア」だといえるのではないか。

　他方、太古の昔に言葉を得てから、私たちはそれをもっぱら「人とつながること」のために使い続けてきた。そして先史時代からずっと、その難しさに苦しんできた。私たちは、人と、社会とつながるために、コミュニケーションを積み重ねてきた。人の歴史とはまさに、ほかの人に伝え社会とつながろうとする営みがどれほど困難で、しかしどれほど希求されるかという、共生の星霜なのかもしれない。

　実は私たちも、その「社会とメディアをめぐる研究」の小さな一里塚を担いたくて、本書を上梓した。「字幕（キャプション）」とは、本当に小さくて限られた分野のものに見えるかもしれないが、「必要な人に必要な言葉を届ける」という、とても困難で、しかしまさに大事なものである。私たちはそれを、「人を選ばず包摂する柔軟な表現」＝インクルーシブでコンヴィヴィアルなメディアと仮定した。そこへの道程は、「人と人とをつなぐ研究」にとっては、衝撃的な革新と、劇的な可能性を秘めた挑戦になっている。ここ

で取り上げている、「テレビコマーシャルにおける字幕」と、「インクルーシブな社会」そして「コンヴィヴィアルなメディア」というテーマは、私たちに、その可能性の広さと深さを教えてくれているのである。

　だから本書は、研究書である以上、まずは研究者に向けて書いたものではあるが、できるかぎり多くの方に手に取ってもらいたいと思っている。「字幕付きコマーシャル」というと、聴覚障害・難聴など福祉領域のテーマだと思われるかもしれない。確かにそのとおりだし、まず、障害に関心がある方に読んでいただきたいとは思う。しかし、仮にまだ福祉に関心がなくても、インクルージョンや社会問題に興味があれば、その実態や内実を根底から再考するために、ぜひ一読だけでもしてほしい。しかし、テレビのコマーシャルなど、放送やメディアに興味があって手に取ってくださっている人もいるかもしれない。コマーシャル字幕は近年注目されているホットトピックだし、期待に少しは応えられると思うが、ぜひ本書の議論をテレビコマーシャルだけの話としてしまわず、より広い「表現とメディア」という観点から理解していただければと希望している。字幕・キャプションは広告業界や福祉業界の関係者にとどまらない、社会のすべての私たちにとっての「人と人とをつなぐ表現」をめぐる研究の最前線なのである。

　本書は、そのような目的を達成するために、いくつかの工夫を凝らして編まれている。

　まず本書は、冒頭から通読していただくことで、なぜ「字幕」が重要なのか、それがどのように「革新」たりえるのか、その思考と研究の「はじまり」から「終わり」までを、ひととおり理解できるようになっている。本書は3部に分かれているが、第1部は、「映像上の文字表現」という観点から「字幕＝キャプション」に注目していく「課題設定」と「先行研究レビュー」の過程、第2部は、それを全国的な社会調査によって厳密に確かめていく「調査・分析」過程、そして第3部は具体的な可能性をそれぞれの領域で検討する「考察・結論」過程に該当している。最初から読み進めてもらえれば、「字幕・キャプション」という課題を設定し、それが社会やコミュニケーションにとってどれほどの意味をもっているのかを調査・検討し、その結果を受けて考察を深めていく過程を、縦糸のようにつぶさに追ってもらえるだろう。課題設定から考察に続く経過は、まさに「字幕」という一つの研究の実践そのものであり、その意味で本書は完全に研究書というカテゴリーに入る。しかしすでに体験していただいているように、本書は専門家ではない

方々にとっても、「表現をめぐる研究」の追体験ができるような仕上がりになっている。これは私たちの、「研究とは、冒険的な体験である」という意図に因由している。字幕をはじめとする「コミュニケーション表現」は、私たちの社会生活全体に遍在する一方で、その本質を見極めるのは難しい。コミュニケーションをめぐる研究は、おそらく〈冒険〉そのものなのである。

しかし、「コミュニケーション」を考える作業は、おそらく単純に、いわば一方向的な流れだけで理解されるようなものでもないだろう。だから本書は、一つの順番にこだわらずに、横糸をたどるように架橋して読めるようにも工夫している。そのためのガイドラインとして、各章・コラムに、関連しそうなテーマを横断的につなげるようなタグを付けることにした。タグはそれぞれ、以下のようになっている。

横断タグの構成
テーマA「社会・科学」――社会の考え方、調査法、および科学の技法
1. 現代日本　　2. 社会理論　　3. 国際関係 4. 社会調査法　　5. 学問（科学）論
テーマB「福祉・障害」――福祉・障害学関連のトピックス
1. 障害論　2. 社会福祉（高齢者含む）　3. 合理的配慮 4. 社会的包摂・包括（インクルーシブ・インクルージョン） 5. 字幕（キャプション）制度・政策
テーマC「情報・メディア」――情報技術・メディア関連のトピックス
1. メディア論　2. 情報通信（テレビコマーシャル）　3. 支援技術（エンハンスメント） 4. 共生（コンヴィヴィアリティ）　5. リテラシー

それぞれのタグは、各章の末尾に配置してある。簡単な解説を付けていることもある。本書は縦糸を通読してもいいし、タグに従ってテーマごとに横糸をつなげて読んでもいい。本書そのものが、誰でも（インクルーシブ）、自由に（コンヴィヴィアル）に読むことができるものの実例をめざしているので、自由な関心に沿って読んでいただければ、これ以上の幸いはない。

「字幕」は情報を伝える形態の一つだ。しかしそもそも情報を得、人とコミュニケーションする営みは、私たちにとって最も重要な、生きる意味そのものといってもいい。だからいちばん大事なのは、本書のテーマが見た目と反して、「特別な人向け」でも、「特別なテーマ」でもない、という意識なのだ。これから繰り返し強調するのは、「障害者の話」とか「高齢者の話」にみえるものが、「耳が聞こえない人のために」とか「私たちもいずれ耳が遠くなるから」といった他者への同情や将来の課題のように語られるものではない、という視角である。これまで「福祉の話」であって自分たちの話、社会全体

の話だとは思われていなかったテーマが、実はまさに、いまの私たちの社会全体の問題であったという事実は、おそらく私たちの社会観やメディア観に、確かな変化をもたらしてくれる。「字幕」を最良の例の一つとして、そのきっかけとなることが、本書の目的である。そのもくろみが達成できているかどうかは、その目で確かめていただけるとうれしい。

　では、「冒険」を始めよう。

横断タグ
テーマＡ「社会・科学」──社会の考え方、調査法、および科学の技法
5. 学問（科学）論：立脚点・視角の設定
テーマＢ「福祉・障害」──福祉・障害学関連のトピックス
1. 障害論：聴覚障害、難聴
テーマＣ「情報・メディア」──情報技術・メディア関連のトピックス
1. メディア論：メディアの必要性 4. 共生（コンヴィヴィアリティ）：「共生」の理論

# 第1部　「字幕・キャプション」の発見
　　　　──課題設定と先行研究の整理

私たちは、新聞を読み、ラジオを聴いて、動画サイトを楽しむ。いずれも「メディア利用」ではあるが、文字を読む＝視覚、音を聞く＝聴覚、または両方使うなど、感覚の組み合わせが異なるし、印刷、音声、動画など、それぞれのモノとしてのメディアも異なる。だから私たちは、それぞれを区別して認識してきた。それは従来のメディア研究も同様で、そもそもそれぞれのメディア利用は区別して論じられてきたのである。

　だが、私たちのメディア利用は本当にそういうものだろうか。新聞は文字のメディアで、ラジオは音声のメディアと決まっているのだろうか。より正確に言えば、新聞は文字"だけ"のメディアで、ラジオは音声"だけ"のメディアなのだろうか。そう疑った瞬間に、「字幕をめぐる冒険」が始まる。

　例えば目が見えない／見えにくい人は、新聞を音声で読みあげて読む。確かに新聞では目で読むようにデザインされているが、音声で聞いたら新聞でなくなる、ということはないだろう。同じように、耳が聞こえない人は、字幕を利用してテレビを見る。音声がなければテレビを見るという行為ではない、ということであれば、私たちが見ている字幕付きの洋画も映画ではないということになってしまう。そんなことはないと言うのであれば、メディアの利用法は、さらに一段、広げて理解することができるはずだ。

　例えば逆に、字幕を消さずに見る、という利用法があってもいいはずではないか。もっと踏み込めば、字幕を消さなかったり、テロップやコメントが重なったりすることそのものを前提にした視聴や表現の方法があれば、それはこれまでにないテレビや動画の見方、作り方を生み出せるのではないだろうか。

　第1部では、そのように「ちょっとした疑問から、メディアとコミュニケーションを広げて新しく考え直していく」という、課題設定をおこなっている。第1章で問いを発し、第2章で先行の関連研究を整理するなかで、字幕に着目することがどのような可能性を私たちに切り開くのかを示していく。それは、メディアにおける表現とその活用が、ほかの誰でもない私たちの問題で、その可能性は、私たち自身がまったく気づかないままに実現されつつあるのだということを、自覚する作業だといえるだろう。

　　　　　　　　　　　　　　　　　　　　　　　　　　（柴田邦臣）

第1章 キャプション・合理的配慮・エンハンスメント
―― 「字幕・新時代」の息吹にふれて

柴田邦臣

1 課題の設定「字幕・新時代」の息吹

「字幕・キャプション」とは何か―― トルコ・イズニックでの経験から

　トルコ最大の都市イスタンブールからおんぼろバスを2回乗り継いだ先、青く光る湖のほとりにイズニックという小さな街がある。一見すると何の変哲もない小アジアの地方都市だが、世界史の授業で習った旧名「ニカエア公会議」や「イズニックタイル」の名には覚えがあるという人もいるだろう。透けるほど深い青と浮き出すほど輝く赤を基調とするそのタイルは、かのブルーモスク（スルタンアフメト）や王宮はもちろん、一時は世界のすべてを絢爛にいろどった。歴史に感じ入りながらバス停に帰ろうとした途中、小さな商店街（のようなもの）に出くわしたところから話を始めたい。

　イズニックでは、イスラム・タイルに由来した窯業がいまも盛んで、街のあちこちに観光客向けの陶器屋が点在している。その片隅に、マッチ箱のような小ぎれいなブースが20ほども軒を連ねている一角があった。母親と娘・息子といった家族が、ひなたぼっこのように椅子を並べている。可愛らしく宿題をやっている子もいるのだが、何組かは、一家で陶器の下地に筆で絵柄を描き込んでいる。

　お店なのだろうか、工場なのだろうか。私も入ったり買ったりできるのだろうか。「英語さえ通じれば」と気楽に話しかけた私の予想は、別のかたちで無残に打ち砕かれた。この地の人には珍しく、彼女は英語が比較的流暢に話せた。しかしその内容が、ここがどういう場所で、何をしているのか、私には理解できなかったのである。

　こういう予想外の事態に直面してはじめて、私たちがどれほど「目にして

写真1　イズニックの女性との会話

いる情報」以外の情報に依存して、物事を知り、判断していたかを自覚することができる。もともと英語力に自信がない私がコミュニケーションに困っていなかった理由は、イスタンブールなどの大都市では、目の前の状況を支えてくれるような文字情報がたくさんあったからだったのだ。

　例えば両替所では Exchange の電光掲示板が流れていて、それを目で追いながら会話していた。レストランではメニューが、ショッピングでは値札やカタログが、手がかりとなっていた。言ってみれば、知らず知らずのうちに何らかの英語による文字情報——本書でいう字幕・キャプション——のようなものによって、私のコミュニケーションは下支えされていたのである。

　都会とは比べものにならないくらい、トルコの田舎は英語の表示がない。さらに、私のつたないヒアリング力は、彼女のトルコチックな発音が「それが英語であることがわかっても、その内容はわからない」という程度でしかなかった。それは彼女のほうも同じようだった。私の英語は、トルコ人で日本風の発音に慣れていない彼女には、「英語であることはわかっても、内容は不明」にしか伝わらなかったのである。

　私が「いつもの日本的苦笑い」で逃げようとしたとき、彼女が取り出したのがスマートフォンだった。彼女はトルコ語で何かを入力し、私に画面を見せた。"Where, from?"。翻訳サイトだ。この手があったか。私もスマホをもっている。電波は入らずネットは使えないし辞書アプリも入れていないが、メモ帳で英語を打つことは可能だ。「スマホで英単語を見せ合う」といううち

ょっとした工夫が、それまでの「迷霧のなかのやりとり」を「愉楽なコミュニケーション」に劇的に変えていった。

　互いのスマホを使って、英語の字幕を付けながら会話する。ひとときの予想以上に楽しい会話のあと、私はこの思い出が、当事者の2人にとっては、決定的な「コミュニケーションの革新」を意味していることに気がついた。相対してリアルにコミュニケーションしている場に「字幕付与（キャプショニング）」をおこなうことで、コミュニケーションが正確になったり相互理解が進んだり、ということがありうる。「字幕」は、耳が聞こえない人だけに限られたものではないのだ。さらにそれは、「状況に説明を加える技術」という観点から、コミュニケーションをより豊かに変化させ、共有化させうるものだともいえるのである。

「キャプション」への注目 ── 「映像上の文字表現」の新しい潮流

　アメリカの「Twenty-First Century Communications and Video Accessibility Act of 2010」をはじめ、字幕への注目は世界的に高まっている。しかし、私たちはこれまで、「字幕」というものを、テレビや映画に付いている「音声を文字化したもの」であり、「情報保障」の一環としてだけ語ってきた。例えば続く第2章でもふれているように、「字幕」に言及する場面はたいてい以下の2つに限られ、その充実こそが課題だと考えられてきた。
①聴覚障害者や難聴者への情報保障としての字幕、要約筆記。
②映画やテレビ番組など、外国語の音声の翻訳としての字幕。

　これらの拡充が必要なのは当然である。しかしイズニックでの経験は私たちに、字幕のような「文字で内容を補足すること」が、上記の想定や予想を超えた可能性をもたらしうることを教えてくれる。

　まず「字幕」は現在すでに、聴覚障害者などの特定の人だけのものではなくなってきている。例えば朝、ごはんを作りながらニュースを見たい場合は、同じ日本語音声でも字幕が付いていたほうがいい。目玉焼きを焼く音でよく聞き取れないときも、画面の字幕がしっかり助けてくれる。私の娘はとうとう、NHKの子ども向け番組を字幕を付けて見るようになった。『おかあさんといっしょ』などの幼児番組には、たいてい字幕が付いているのだ。最初は「歌のお兄さんは緑」「歌のお姉さんは青」といったカラフルな文字が好きで見ていたようだが、そのうちわかるひらがながどんどん増えていくのが楽しくなったらしく、しまいにはすべてのひらがなを覚えて自分で読みあげ

写真2　キャプションとテロップがついた「YouTube」映像の例（映像制作：時川英之）

るようになった。お金いらずで、かつ良質な文字の学習教材である。

　そのような「動画上の文字表現」は、私たちが日常的に目にしているテレビ番組にもあふれているといえるのではないだろうか。私たちが見ている大半のバラエティー番組には文字表現が多々用いられている。特に近年はテロップがどんどん増えている傾向があるともいわれている。それらの「テロップ」は肝心なところで多用され、どこが肝心なのか、どこで笑ってほしいのかまで教えてくれる。実際に、聴覚障害があってよく聞こえない人にも、「昔よりも最近のバラエティーはずっと見やすくなった」という人もいる。

　そのほかに、字幕で最も広く知られているのがJRの列車などに設置された動画版の車内広告だろう。車内上部に設置されたモニターで、いつのまにかコマーシャルやちょっとしたムービーに見入ってしまった経験は多くの人にあるにちがいない。一方で同じ車内には、ヘッドホンからの音漏れがいやで、ケータイのワンセグを見るときに字幕を出して見ている人もいる。近年では、デジタル・サイネージや8Kスーパーハイビジョンなどの新しいテクノロジーによる「ハイブリッド・キャスト」も注目されている。また、インターネットでいえば「YouTube」も字幕対応になって久しい。現在、「YouTube」上ではすでに多くの動画に字幕が付いていて、右下の「CC（Closed Caption）」ボタンでオン・オフできるものもある。自分で字幕を作ってアップしてもいいし、音声認識技術によって自動的に字幕を付けたり、字幕業者に依頼することもできる。「字幕」は、聴覚障害の有無や翻訳必要

性の有無にかかわらず、すでに多くの人に広く受け入れられている表現形式なのである。

　もっとも、大事なのはこのような「字幕が使用される場の広がり」だけではない。その使われ方もまた、興味深い展開を見せてきている。例えばカラオケボックスの映像の歌詞も字幕だが、そこでカラオケを楽しむ聴覚に障害がある人もいる。もちろん彼らの多くは音楽そのものを聞くことができない。しかし、歌詞や映像に合わせて自由に踊ったり絶叫したりするのが楽しいのは、誰でも同じなのである。つまり、映像表現としての「字幕」は、単なる情報保障を超えた楽しみ方という可能性をもたらしているのである。

　ろうや難聴の人が意外な楽しみ方をしているものとして、もう一つ注目できるのが「ニコニコ動画」である。「ニコニコ動画」の場合は、コメントが「字幕」的な役割を担うことがある。耳が聞こえる人でも、試しに音声をミュートしてみるといい。映像とコメントだけで、大意は十分伝わってくる。むしろ映像とコメントにギャップがあったほうがかえっておかしいぐらいで、「こんな楽しみ方があったのか」と腹をかかえて笑いたいのをこらえながら、その新たな可能性に驚いたりもできるだろう。画像に文字を加えることで、そのシーンの状況を説明し、音声がなくてもわかるようにする効果があるのだ。それが、テキストコミュニケーションとして実現しているところに、「ニコニコ動画」の面白さがある。映像だけでは理解できなくても、コメントが縦横無尽に重なってくることで、聴覚障害者にも抜群に面白いコンテンツになりうるのだ。

　「ニコニコ動画」などの動画サイトをさらに見てみると、「文字」を「映像」をうまく使って表現している例が増えていることがわかる。代表的なものがミュージック・クリップまたはプロモーション・ビデオ（PV）である。VOCALOIDなどを用いたPVは、画面を縦横無尽に躍る歌詞が一つの特徴とまでいえるようになっている。それらは明確に、「映像上の文字表現」を最も豊かに使用している例だといえるだろう。

　テレビのテロップから音楽での歌詞表現まで、「文字表現で補足する」という表現形式は、私たちが意識しないうちに、急速に社会全体に普及している。NHKアーカイブで昔の番組を見ると、あまりに画面があっさりしすぎていて物足りなく感じるだろう。テロップが少なすぎるのだ。コメントを追いながら「ニコニコ動画」を見ていると、初めてコメントが流れる動画を見たときの違和感と、それに慣れて久しい自分を思い起こさせる。まさに、湧

きあがり急速に波及する「映像上の文字表現」の潮流に、本書では注目したいと思う。そこで重要なのは、このような「字幕」が単に奔流しつつあるだけではなく、従来の「情報保障」の枠を超えて、私たちのコミュニケーションのありように様々な新しい可能性を見せつつあるという点である。

　この着眼は当然のことながら、「字幕による情報保障」の重要性を否定するものではない。音声情報を欠損なく、不公平なく文字情報に置き換えるという情報保障の観点はきわめて重要である。しかし例えば、聴覚障害がある人のために用意される「要約筆記」にしても、その場の意味や状況を伝達するために「要約」している。テレビのテロップも視点を変えてみると、番組を理解させ状況を正確に把握させようという意味で、「要約」のための文字表現という役割を果たしているのである。字幕を「聴覚障害者に対して、聞き取れない音声情報を伝えるためだけのもの」と考えたり「外国語をわかるように伝えるためのもの」であるとだけ限定的に捉えたりすることで、このような可能性を逸してしまう。本書では、視野を広げて理解し直すために、これらの字幕＝キャプションの潮流に焦点を合わせたい。

「字幕・キャプション」の定義と課題の輪郭

　単なる「字幕」にこだわって、このように新しい可能性を考え直す余地はあるだろうか。そもそも、そこまで拡大したり変質したりしたものを、「字幕」として扱い続けてしまっていいのだろうか。本格的に「字幕の拡大と変質」に踏み込む前に、あらかじめ「字幕」の定義を明確にしておこう。

　例えば英語でいうと、このような「映像上の文字表現」は一般に"Caption"ないしは"Title"（Sub-title）と言われる。テロップは和製英語に近く、"Superimposed title"と言われるのが一般的だろう（スーパーインポーズということもある）。聴覚障害者用の字幕を「Closed Caption（クローズドキャプション）」という理由は、それを画面上で閉じて消す（closed）ことができるからである。

　そもそもキャプション（Caption）の原義は、*Oxford English Dictionary*でさかのぼれば14世紀にまで見いだすことができる。ただそのころの意味はcaptureと同じで、取る・捕まえる、といった用法が中心だった。しばらく法律用語の「捕縛」と同じような使われ方が多かったそれが、現在のような「表題」「見出し」に近い意味になるのは、18世紀後半から19年代前半にかけての新聞をはじめとしたマスコミの勃興期である。

1848 J. R. Bartlett Dict. Americanisms, Caption, this legal term is used in the newspapers where an Englishman would say title, head, or heading.[(1)]

　このように、19世紀末、新聞などのメディアが成長してくるなかで、「内容を整理・抽出して、意味を短く印象的に表現する」ために表題が付けられ、それがキャプションと呼ばれるようになったのである。
　こうして「キャプション」という言葉が頻用され始めたころも、その言葉は多分に、「表現の革命」の要素を含んでいたといっていい。当時、新しく開けた「マス・メディアの時代」に、単なる表題を付けるだけでなく、そこに「内容を代表する意味を込め、それを合わせて表現すること」という様式が、萌芽し始めたのである。
　それから世紀をまたぎ、「キャプション」は、新聞のリード（前文）、芸術作品の説明、そして映画の字幕など、様々に分化することになった。現在あって当然となっているそれらはしかし、「画像・映像上に文字で説明を加える」という役割を、共通して果たしている。だから、ここで「字幕＝キャプション」を広く把握しようとする私たちの作業は、非常識な試みではなく、むしろ本来の意味に立ち返って広く視角をとることで、これまで見落としてきた論点をすくい上げようという挑戦なのだ。
　つまり、私たちが思う以上に、画像や映像に文字を加えるという表現は、歴史があって、自然で、遍在しているものなのである。そこには、私たちが従来思っていた以上の意味が込められている。本書はその発見の道筋にすぎない。少なくともいま、私たちが思っている「字幕」の意味は、より拡張される必要があるだろう。「字幕」の役割はいままで考えられてきた「ハンディキャップがある人を情報保障として補う」というものにはとどまらない。
　これらはすべて、「字幕」という言葉に含まれて定義されうる。しかし、ともすると従来の情報保障や翻訳の意味合いばかりがつきまとってしまう。そこで本書では、「字幕」をまったく同じ意味で、つまり「従来の情報保障とともに、新たな表現の可能性まで網羅しうる、文字表現の添加」と再定義しながら、それに対応する英単語で、近年人口にも膾炙してきている「キャプション」と呼びたいと思う。本書では「字幕」と「キャプション」は同じ意味である。場所に応じた語感として、「字幕」としたり「キャプション」

とし、誤解がありそうな場合は「字幕・キャプション」と併記していく。

それでは、「映像・画像に文字を添加する」という「字幕・キャプション」をここまで述べてきたように定義し直すと、どのような地平が開けてくるのだろうか。

2　仮説I　字幕の必要性と量的拡大
── 「合理的な配慮としてのキャプション」

社会的背景──「難聴新時代」の到来

「映像上の文字表現」としての字幕が、「聴覚障害者の情報保障」といった限られた場面にとどまらず、社会に広範囲に拡大しうるという論点は、これからの日本社会の潮流にも即しているといえるだろう。そもそも、字幕を必要とする層が急増する時代が到来すると予見されているからである。

現在、日本は社会の高齢化に直面している。聴覚が不可逆的に衰えることはよく知られていて、65歳以上を対象にした場合、「片方の耳が聞こえない」「両耳とも聞こえない」を足し合わせると、10人に1人にのぼるといわれる。さらに、聞こえていると回答している人も、そのうち7％近く、80歳以上では10％以上が補聴器を使用しているという調査もある。水野映子は、2008年の推計として、65歳以上の難聴者数は270万人であり、75歳以上の15.6％が難聴だとしている。東京都・神奈川県・千葉県を足し合わせた首都圏南部人口に匹敵する高齢難聴人口を、日本社会はかかえているのであり、その人数は年々増加の一途をたどっている。急速に高齢化が進むことで、日本社会はさらに多くの難聴者をかかえることになるだろう。私たちは、予見されるこの近未来を「難聴新時代」と呼んでいる。

「難聴新時代」とあえて名付けた理由は、もう一つある。そもそも、「難聴として生まれる」人が従来思われているよりもはるかに多かったことが、近年、判明してきたからである。その実態は、聴力の「新生児スクリーニング」が急速に普及するなかで、はじめてもたらされた。

新生児聴覚スクリーニングとは、生まれてきた新生児全員に聴力検査をおこなうというものである。そもそも反応を見ることが困難な、生まれたばかりの新生児に対して聴力検査が可能になった理由は、1990年代に自動聴性脳幹反応検査（Automated Auditory Brainstem Response: AABR）、あるいは耳音響放射（Otoacoustic Emissions: OAE）といった機器が普及し、高度な医

療機関が限られたリスク因子をもつものだけでなく、広くスクリーニングすることが可能になったからである。アメリカではNational Institute of Healthの推奨によって93年には全新生児が出生3カ月以内に聴覚スクリーニングを受けるようになり、2000年にはアメリカ耳鼻咽喉科学会、小児学会および言語聴覚学会の合同によるJoint Committee on Infant Hearing: JCIHから、「難聴の早期発見および療育プログラム（Early Hearing Detection and Intervention programs: EHDI）の原則とガイドラインが示された。全新生児聴覚スクリーニング（Universal newborn Hearing Screening: UNHS）という用語は、そのなかから生まれている。

　日本の医療は、ちょうど10年ほど遅れてその動きをたどるかたちとなっている。AABRが初めて輸入されたのは1997年で、翌年、厚生科学研究班が研究を始めている。そして2001年に「新生児聴覚検査モデル事業」が始まり、5年のうちに17都道府県・政令市で実施されるようになった。05年からは厚生労働省の母子保健医療対策等支援事業（総合補助金）のなかに組み込まれて国庫補助による助成を受けることになり、急速に全国への普及が進んだ。07年からは、社会的に重視される少子化対策措置として予算化された各市町村の一般財源で実施されている。日本産婦人科学会の調査によると、分娩を扱う期間での新生児聴覚スクリーニングの実施率は05年に62％であり、現在では実施率100％に近い県・自治体も多くなっている。近い将来には、日本の新生児全員が生後半年以内に聴力検査されるようになる。

　ここで留意しなければならないのは、新生児聴覚スクリーニングによって多くの「難聴児」が発見されているという事実である。厚生科学研究班が2001年におこなった調査では、新生児聴覚スクリーニングの結果、両側中程度・高度難聴の発生頻度は0.15％であった。単純計算をしても、年間1,000人から1,500人は重い聴覚障害の子どもが生まれていることになり、しかもこのなかには軽度の難聴児は含まれていない。現在では、新生児聴覚スクリーニングが整う諸外国の結果をふまえると、1,000人に1人の割合で、何らかの聴覚障害がある子どもが生まれていて、先天的な障害としても高い割合を占める計算になる。これまで、言語取得が進まず知的障害や学習障害とされたり、行動面で発達障害とされたりしてきた子どもたちが、実は聴覚に問題があったと、のちに発見されることも増えている。

　新生児聴覚スクリーニングがもたらしたのは、難聴児を早期に発見するということだけではなく、これまで見過ごされてきた聴覚障害児がどれほど多

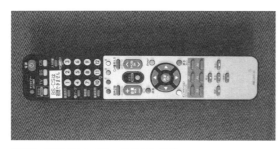

写真3　字幕ボタンがないリモコンの例

く、今後生まれてくる聴覚障害児がどれほど多いか、という発見でもあった。世界で1日200人、毎年7万人以上の聴覚障害児が生まれ、支援を求めるという時代が到来しつつあるのである。

　このような「難聴新時代」は、確実に日本社会にもたらされつつある。その社会潮流のなかで、映像上の文字表現としての「字幕」は、「特定の人向けの支援」としての情報保障という枠にとどまらない社会的意味をもちつつあるのではないだろうか。

理論的背景──「合理的配慮」

　では実際に、きたるこのような時代潮流のなかで、私たちは「字幕」にどのような可能性を見いだすことができるだろうか。その問題意識を明確にするために、近年、重要だと考えられている概念・キーワードをもとに、その理論的背景から整理してみよう。

　しかし、話はそう単純ではない。なぜならそもそも「字幕」は、これまでじゃまもの扱いされてきたからだ。例えばビジネスホテルに宿泊してテレビを見ようとすると、リモコンが自宅のものと異なってボタン数が少ないことに気づくことがあるだろう。それらのリモコンには「字幕」のボタンがなく、そもそも字幕を表示しにくいようになっている。現在ではずいぶん減ったが、いまでも業務用テレビを使っているホテルなどで、そのように機能制限されている例は少なくない。

　「字幕」が出ないようにされている理由を聞くと、「お客さまの誤操作で、字幕が出てしまわないようにという配慮です」という返事が返ってくる。自分で出せたら自分で消せると思うのだが、つまるところ字幕が出せるようになっていない理由は、「字幕は特別な人のもの」で、「たいていの人にはじゃ

まもの」だと考えられてきたからである。テレビやDVD、BDなどの字幕が、「クローズド・キャプション」と呼ばれていた理由は、「不要ならすぐ消せるように」設計されていたからだった。もっとも、すでに述べたように、料理中、掃除中、育児中など、常に必要な人以外にだって字幕が必要なシーンはたくさんある。にもかかわらず、字幕を使っている人ははたして、どれくらいいるのだろうか。

　現状で、「字幕」は「不要なら消せるもの」ではない。むしろ「じゃま扱いされていて、必要なときも思い出されない」ものなのである。気がつかないうちに難聴新時代を迎えようとしているいま、余計なもの扱いされていたり、そうでなくても忘れさられていたりするような「字幕」の社会的意義を、私たちは正当に評価することができるのだろうか。

　ここで求められているのは、おそらく発想の転換である。字幕のような技術を、「特別な人の特別な情報保障」という考え方から離陸させるために、ここで注目したいのが、「合理的配慮」という考え方である。

　「合理的配慮」というキーワードは耳にしたことがあるという人がいるかもしれない。この概念は、争論を生みながら（コラム1）、近年の日本社会に〈革命〉とでもいうべき劇的な社会変容をもたらしつつある。その源泉は、「障害を理由とする差別の解消の推進に関する法律」（平成25年法律第65号。以下、解消法と略記）である。そこではすべての国民に、障害を理由とした差別を法的に禁じるとともに、一般の事業所（すべての企業・団体が原則として含まれる）にも、必要かつ合理的な配慮を的確におこなうように努めなければならない、と明記されているのである。行政機関と違って努力義務であり、罰則があるものではないが、「合理的配慮に努めなければならない」と規定されている事実は大きい。多くの企業や組織は、「合理的な配慮」と言われても、どうすればいいのか、十分には理解できていないだろう。その施行の2016年4月に向けて、各企業・団体の障害がある顧客の担当部局やコンプライアンス部局のなかには、あわてて準備しているところも少なくない。おそらく多くの方がこれから、自分の所属組織で関連する研修を受けたり対応方針が回覧されてきたりといった経験をすることになるだろう。

　もともと「合理的配慮（reasonable accommodation）」という概念は、1990年代のアメリカで本格的に論じられ、"CONVENTION ON THE RIGHTS OF PERSONS WITH DISABILITIES"（障害者の権利に関する条約。以下、権利条約と略記）の中心概念と位置づけられたことで、国際的にも広く知ら

れるようになった。日本の「解消法」はその条約を批准するための法整備であり、理論的核心といってもいい（コラム1）。「合理的配慮」は、社会的な責務として理解され、法制度を通じて伝達され、社会全体に大きな影響を与えようとしているのである。これらの流れを「新世紀の公民権運動」と呼称する人さえいる。

「合理的配慮」という概念は、私たちに、配慮や支援があれば何でもいいというわけではないということを教えてくれる。障害者権利条約第2条では、「合理的配慮」を以下のように定義している。

> 障害者が他の者との平等を基礎として全ての人権及び基本的自由を享有し、又は行使することを確保するための必要かつ適当な変更及び調整であって、特定の場合において必要とされるものであり、かつ、均衡を失した又は過度の負担を課さないものをいう。⁽³⁾

ここでは、それが平等や自由といった人権を守るために必要であること、適当・適切であること、過度ではないこと、という3つのポイントをあげて、何が「合理的＝ reasonable」なのかを定めている。つまり、障害がある人に対する配慮は、それが障害者にとって必要で、適切で、かつ過度ではないという理由や根拠がはっきりわかるように企画され、実施されなければならないのである。

一方で権利条約は、「配慮」を「変更及び調整（modification and adjustments）」と定義している。配慮とは、現状に対する具体的な変更であり、調整でなければならないということになる。つまりこの考え方は私たちに、配慮を求めている人がいた場合、そのための「変更や調整」に「合理性」があればそれをおこなわなければならないという、理論的根拠を与えてくれる。

仮説I　字幕の必要性と量的拡大──「合理的な配慮としてのキャプション」

「キャプション」は、映像や動画に文字を付け加えるという意味で、「変更・調整」を求めるものである。「キャプション」が〈じゃまもの扱い〉されるべきものではなく、この社会に不可欠で広く必要なものであることを理解するためには、映像への字幕の付与が、合理的配慮として妥当であることを示せればいい。ここで私たちは、本書で追求しなければならない仮説を設定することができる。

字幕はこれまで、限られた聴覚障害者向けの特別な情報保障と考えられてきた。そして一方で、情報保障を必要としない人には無用であるとも考えられてきた。このような思い込みのままでは、それを必要としている人がもっと広範囲にいたとしても、その可能性を見逃してしまう。社会での字幕の意味を理解するためには、それを「適切にかつ過度ではない配慮」として必要としている人々が、予想以上に存在していること、つまり合理的な配慮として字幕を利用しうる層がより広がっていることを立証する必要がある。

　キャプションがより広範囲な人にとっての合理的な配慮でありえるということを1つ目の仮説Ⅰとし、それを証明することで、「キャプション」が社会にとって必要不可欠であり、まさに私たちに新たな展開をもたらしうる存在であることを示す。それが本書の第一の目標であり、「字幕」をめぐる「冒険」の次のフェーズとなるだろう。

3　仮説Ⅱ　字幕の可能性と質的深化
　　──「表現の拡張としてのキャプション」

社会背景──「AT（支援技術）革命」の潮流

　より「合理的な配慮」をされるべき人や場面が予想以上に存在している、という意味の仮説Ⅰは、つまるところ、キャプションという技術のユーザーが、従来よりも広範囲に発見されうるという「量的な広がり」を示しているといえる。一方で、動画サイトでのテキスト表現を再思すると、キャプションは、その活用法の変質という「質的な深まり」の可能性も示しているといえるのではないか。つまり、「字幕・キャプション」は、より多くの人に使われるだけでなく、より多様なかたちで、これまで想定されていなかったような技術として活用される可能性もあるのである。

　キャプションも、第一に聴覚障害者をアシストする技術として使われてきた。このような医療や福祉の領域で発展してきた、人を補助する技術を一般に「Assistive Technology（支援技術）：AT」と呼ぶ。ところが近年、このような医療や福祉の領域に限定されていた支援技術が急速に発達して生活に溶け込み、私たちが想定しないような使われ方によって衝撃的な結果を導き出す例が多くみられ、一つの潮流のようになっている。

　例えば2015年は、パワードスーツ（ロボットスーツ）が衆目を集めた年でもあった。腕や足に人工筋肉などのデバイスを着けて負荷を軽減させ、作業

をアシストしているデモンストレーションをテレビで見た人も多いだろう。これらは、ITならぬATが社会に普及し始めている端緒といえる。

　本書にさらに関係が深い分野でいえば、近年のIT革命業界でも、「音声」が花盛りである。例えば先にもふれたように、「ニコニコ動画」などの動画サイトは、VOCALOIDやスピーチエンジンでの読みあげ（音声合成）を使ったものがひっきりなしにアップロードされている。一方、Siriのような音声認識も普通に使われていて、私たちはもはや、スマホに向けて話しかけている人が電話として使っているのか音声認識させているのか、区別がつかなくなるほどである。

　ところが、このような音声読みあげ・認識といった活用法は、ATの分野で急速に発達し、実用化が図られてきたものだった。音声読みあげは、視覚障害者のパソコン利用、ウェブ利用によって急速に発展したし、音声認識も、それをいち早く実用化しパソコン入力に用いていたのは、キーボードを使うことができない肢体不自由の障害者である。現在、私たちが使っているパソコンのほぼすべてに音声読みあげが搭載されていたり、スマホを音声認識で自在に使えるようになったりしている現状は、それらの障害者向けテクノロジーの資産のうえに築き上げられている。

　福祉や医療のテクノロジーが私たちを変えていくという例で最もわかりやすいのが、ウェアラブルなデバイスとライフログだろう。近年注目されているウェアラブルなデバイスが収集し記録している情報は、私たちの身体と健康に関する情報である。このライフログの活用は、まず、病気の人や障害がある人への実践のなかから編み出されてきた。医療の場での健康管理のための情報収集の技術が、いま、私たちの身体に応用されているのである。

　中邑賢龍は「テクノ福祉社会」の到来を予見し、そのような私たちと技術との融合を「ハイブリディアン」と呼んだ[4]。「超福祉」など、ATの可能性に注目した取り組みは多い。前世紀末にもたらされたのが、情報技術（Information Technology）によって世界が変わる「IT革命」だったとすれば、今世紀初頭に世界を変えているのは、支援技術（AT）なのである。例えて言えば現在は、特別な人向けのはずの福祉や医療の支援技術が日常に溶け込み、私たちの生活を変えていく「AT革命」の時代なのだ。

　この潮流のなかに「キャプション」を配置してみる作業は、決して不自然ではないだろう。つまり字幕の新潮流は、ATの発展と流行の一端を担っているともいえるのである。

理論的背景——エンハンスメント・能力の構成とその拡張

　福祉や医療をめぐる技術的な進展は、私たちが思っている以上に、障害当事者や難病者といった人々に活用されている。ここであえて〈AT革命〉とくくって論じた理由は、これらの支援技術が単にその普及範囲を広げているだけではなく、その技術が私たちに与える意味をも大きく変えつつあるからである。支援技術は、私たちを便利にするだけではない。それは私たちの「能力」とは何か、「人間」と「技術」の関係とはどのようなものなのかを、根底から問い直させるようなインパクトを秘めている。

　2014年7月、ドイツ国内で最高の選手を決定する陸上選手権大会が開催され、そこでの予想外の結果はヨーロッパにとどまらず世界中を駆け巡った。そこで出た記録ではない。記録を出した選手が問題だったのである。ロンドンオリンピックと比べると銀メダルに相当するほどの大ジャンプを決めた選手は、片足が義足だった。すでに12年ロンドンでは義足のランナーがパラリンピックではなくオリンピックのトラック競技に選手として出場するまでになっていた。さらに現在は、身体に障害がある人が健常者と同じ大会に出て、その記録を上回るまでになっているのだ。もちろんその成果は、事故で片足を失い絶望と向き合うところから始まった、義足のジャンパーの想像を絶する努力の賜物であることは疑いもない。と同時に、彼らの記録の急成長が、カーボンファイバー製の義足というテクノロジーの急速な技術革新にアシストされていることも、また事実なのである。

　私たちは、片足が義足のジャンパーが世界記録を塗り替えたときに、「人類最高のジャンパー」であることを素直に認めることができるだろうか。私たちは、両足が義足のランナーが、〈健全なる身体に健全なる精神を宿す〉とされるオリンピックの、ゴールドメダリストとして歴史に名を残すという、近く訪れる未来を受け入れる準備が、できているだろうか。

　ここで問題になるのは、支援技術の進展が、私たちの「能力」のあり方を大きく変えつつあるという事実である。これらは近年、「エンハンスメント」＝身体能力の拡張として、議論されてきた。

　「エンハンスメント」は、テクノロジーを用いて身体の機能を拡張・増進することの全体を示すが、特に生まれながらの身体能力を技術によって補う場面を説明してきた。以下は、ドイツの生命環境倫理ドイツセンターの定義であり、学問上も広く受け入れられているものである。

エンハンスメントという概念をここでは（略）、現にある可能性を改良ないしは拡張するという意味で用いる。これと並んで、この概念は、健康の回復と維持を超えて、能力や性質の改良をめざして人間の心身の仕組みに生物医学的に介入することを指すのにも用いる[5]。

　これまでの常識では、SF映画などで脳のなかに端末を埋め込んだり、手足の一部をサイボーグ化したりといったものを想像しがちだが、もっと身近な例はいくつも存在している。

　例えば2008年から09年ごろ、世界の水泳界でほぼすべての記録が一気に塗り替えられるという事態が起こった。これは泳法が急速に進んだからではなく、〈魔法の水着〉とまで呼ばれたspeedo社の競泳用水着が生み出されたからであった。その後、類似の〈魔法の水着〉がいくつも登場し世界記録の大半が無名選手に更新されることが相次いで以降、そのような〈魔法の水着〉は禁じられることになった。しかしいまでも、「最も早く泳いだ人」の記録が、〈魔法の水着〉によって生み出されたものであるカテゴリーがたくさんある。

　カーボンファイバーの義足や魔法の水着が生み出した記録は、それが実現した能力は、私たちの能力と認められるだろうか、認められないだろうか。実際のところ現代社会で、私たちにとって「何ができるか／何ができないか」は、自分たちの身体や知的能力だけではなく、周りの環境、特に技術のあり方に大きく影響を受ける。現在、ATは、障害者の身体欠損を補う存在ではない。私たちのあらゆる能力は、すべてテクノロジーによってアシストされつつあるのである。

　例えば現在の私たちは、昔の人よりも「待ち合わせ」能力が格段に優れている。いつ・どこで待ち合わせるかを簡単に決定でき、その場所にもほぼ確実に到達できる。さらに列車の遅延や交通渋滞といった不測の事態にも容易に対処し、時間を前後にずらしたり場所を臨機応変に変更したりすることまでできる。もちろんこの能力の大半は手元のスマートフォンに支えられていて、待ち合わせ場所の地図を表示し、路線検索で交通機関を調べ上げることが当然になっているからである。しかしケータイが普及するたった20年前の時代の人からすれば、事情に合わせて集合時間を前後させる能力など、テレパシーの類いにしかみえないだろう。

メガネやコンタクトをしている人は、そのテクノロジーがなければ視覚障害者だった可能性がある。同じことは聴力の支援技術である補聴器や人工内耳にもいえる。特に生まれながらに聞こえない人が聴力獲得のため耳のなかに機械を埋め込むという人工内耳技術は、最も普及したインプラント技術ととして、2010年代には超脱した進歩をみせ、賛否割れながらユーザーを増やしている。

エンハンスメントの議論は、私たちにとっての能力がテクノロジーと交ざり合って構築されていること、そのため、予想以上の能力を獲得可能であることを示している。ATの社会的な意味は、まさに、人間の能力を構成要素の一つとして、それを拡張するという点にあることを認めなければならない。そしてその拡張性は、ATの一つであるキャプションにも該当するはずなのである。

仮説Ⅱ　字幕の可能性と質的深化——「表現の拡張としてのキャプション」

それでは、エンハンスメント＝「能力の拡張」という議論をふまえた場合、「キャプション」は私たちに何をもたらしうるといえるのだろうか。

キャプションが「聴覚障害の情報保障」であるという想定にとどまったままでは、私たちはその真価を理解することができない。例えばカラオケの歌詞は、情報保障となっているとはいえない。カラオケは音楽であり、歌詞を付けたからといって音楽を代替しているわけではないからだ。正式な情報保障とは「音楽が鳴っていることを示す記号や表記」で代替するものである。しかし代替不可能にこだわらず歌詞を楽しむ難聴者にとっては、キャプションがまったく異なった新しい遊戯として機能している。さらにいえば、正確性にまったく欠ける「ニコニコ動画」のコメントなどは、情報保障としては決定的に失敗している別物だといえるだろう。しかしそれによって情報を把握し、むしろ新しい表現として楽しみ、コミュニケーションの契機としている聴覚障害者もいるのである。

一方、テレビのテロップは、情報保障という観点からは逆に、無用の長物だともいえる。テロップは、音声情報のすべてを文字化してくれているわけではないので、情報保障としては欠陥が多すぎるし、健聴者にとっては、音声情報ですでに与えられている情報に重複するものでしかない。しかし、そのような欠陥だったり無駄だったりするものもまた、評価され活用されるような時代なのである。

ここで、「情報保障」を超えたキャプションのもう一つの可能性を見いだすことができる。テレビのテロップ、動画サイトでの文字表現の多様性、さらにはそのうえでのコメント表現、といった字幕・キャプションの新展開を想起させるような「映像上の文字表現」は、単に音声情報の代替として以上の表現方法を深めて豊かにする役割や意味を果たしうるのではないか、という仮説Ⅱである。

　私たちはこれまで、映像、音楽、せりふ、画面効果をそろえて、一つの完成されたパッケージとして、画面上の表現を考えてきた。そのなかでは字幕はあとから加えられる代替物にすぎず、少なくとも表現に関わるものとは思われてこなかった。つまりその映像は、表現としては、本来用意されたパッケージをそのままには受け取ることができない人、例えば聴覚障害者を想定していなかったのだ。情報保障という観点にとどまれば代替されれば十分だし、あくまで保障手段にすぎないキャプションも表現の一部と考えることには違和感があるかもしれない。しかし、エンハンスメントがATによる拡張を実現したように、キャプションが私たちの表現力を拡張する可能性も存在するのではないか。聴覚障害者はもちろん、健聴者を含む多くの人にとって、情報を伝える新しい技術・技法として評価することができるのである。

　映像上に文字を加えるという伝達技法が、私たちのメディアやコミュニケーションにより深い意味を加える可能性があるのであれば、それは私たちがキャプションを受け入れ、字幕が生み出す新展開に気づくための、得がたい手がかりとなるはずだ。本書の2つ目の仮説Ⅱとして、キャプションが、私たちのコミュニケーションを拡張するテクノロジーとして機能しうるかどうか、その潜在的な可能性を検討してみたいと思う。

まとめ──字幕の新潮流をテレビコマーシャルのキャプション調査から感知する

　本章がここまで挙げてきた場面は、すべてありふれた日常にすぎない。しかしそこに、「文字を付け加えてコミュニケーションしようとしている」という共通項を見いだすだけで、私たちが考える必要がある、そして可能性もある課題が明確に設定できる。本書では、その課題を生み出している社会潮流を描き出し、そのなかで論じるべき課題を慎重に抽出して、2つの仮説を焦点化してきた。

仮説Ⅰ　キャプションの量的拡大：
　それは、より広範な人にとっても合理的な配慮になりえる

仮説Ⅱ　キャプションの質的深化：
　それは、私たちの表現を拡張する新しいテクノロジーになりえる

　本書は引き続いて、以上の仮説を実証し、字幕・キャプションの新展開の実像を描き出すために、一つの試みをしてみたいと思う。
　その挑戦が、字幕テレビコマーシャルの全国調査とその分析である。第2章でも言及しているように、そもそも映像に付けられた字幕の調査・分析はこれまでほとんど試みられてこなかった。この調査は、仮説Ⅰ・Ⅱを論じる素材になるよう、2つの工夫が織り込まれている。

工夫1：字幕が必要とされている人だけではなく、必要ではないと考えられている〈健聴者〉も対象としている点
　従来、ATの調査の大半は、本来ユーザーとして想定している障害がある人向けの調査が主流だった。しかし、それではその技術が、社会にとって実際にどれほど必要で、どれほどの可能性を秘めているかはわからない。そのため聴覚障害者だけでなく、キャプション使用が想定されていない層からも、年代や性別に偏りがないようにサンプルが設定された調査を取り上げ比較することとした。字幕はおろかATの評価を、障害がない〈健康〉とされている人にも同じように質問するのは、本調査の工夫の一つといえる。

工夫2：映像として、字幕付きテレビコマーシャルが取り上げられているという点
　本調査は、映像のなかでも、テレビコマーシャルを題材としている。映像のなかでもコマーシャルは、短い尺に粋を凝らした、「映像表現の典型」として知られている。完成度が高いテレビコマーシャルを取り上げ、そこにキャプションが付いている映像と付いていない映像を実際に比較してもらえるようにすることで、キャプションが映像表現に与える影響を、明確に調査できるだろう。テレビコマーシャルの字幕を題材として選んでいる点は、映像表現としての可能性を論じる際に本調査の特長として生きてくるだろう。

写真4　調査・分析されたキャプション付きコマーシャル（写真提供：花王）

　実際に本調査では、花王㈱と博報堂㈱の協力で、写真4のコマーシャルを分析することができた。詳しくは第3章、補章で述べられている。
　私たちは、情報社会に生きている。キャプションはその複雑な現代社会で、情報を伝達する技術・メディアとしては小さな一つでしかない。しかしそれが、仮説Ⅰのように、私たちが想定しているよりもっと広く必要だったり、仮説Ⅱのように、私たちが表現を試みる可能性を拡張する深さを秘めているのであれば、それは情報社会におけるメディアそのものの、新たな必要性や

可能性を示唆するものになるのではないだろうか。

　身近で微細な事実から、社会全体を構想する視角を、ライト・ミルズは「社会学的想像力」と呼んだ。本書は、障害者向けの小さな技術とみられてきた字幕・キャプションから、私たちの情報社会を拡大し、また深化させるような論点を感知し、調べ、考察していきたい。それは、字幕・キャプションというメディアの新しい時代の息吹の探索であり、この情報社会で私たちが、いままで以上にともに生き、ともにコミュニケーションする手がかりを

えるための「冒険」となるだろう。

横断タグ
テーマA「社会・科学」——社会の考え方、調査法、および科学の技法
1．現代日本：現代日本の課題、高齢化、「難聴新時代」、AT（Assistive Technology）革命 2．社会理論：「社会学的想像力」 3．国際関係：「障害者権利条約」 5．学問（科学）論：仮説の設定
テーマB「福祉・障害」——福祉・障害学関連のトピックス
1．障害論：聴覚障害、難聴 2．社会福祉（高齢者含む）：高齢者福祉 3．合理的配慮：「合理的配慮」の定義、「合理的配慮」の理論 4．社会的包摂・包括（インクルーシブ・インクルージョン）：「障害者権利条約」 5．字幕（キャプション）制度・政策：字幕・キャプションの定義
テーマC「情報・メディア」——情報技術・メディア関連のトピックス
1．メディア論：メディアの必要性、メディアの可能性 2．情報通信（テレビコマーシャル）：テレビコマーシャル、テレビ視聴行動、情報保障、キャプションの量的拡大、キャプションの質的深化 3．支援技術（エンハンスメント）：支援技術、エンハンスメント 4．共生（コンヴィヴィアリティ）：字幕・キャプションの新展開

注

（1）"Oxford English Dictionary Online, Second Edition, Version December 2015"（http://www.oed.com/）［2015年11月11日アクセス］

（2）水野映子「中高年の難聴に関する現状と意識——コミュニケーションの問題への対応」『LifeDesign Report』2009年1・2月号、第一生命経済研究所ライフデザイン研究本部、8ページ

（3）外務省「障害者の権利に関する条約（障害者権利条約）」2014年

（4）中邑賢龍『学校の中のハイブリッドキッズたち——魔法のプロジェクトを通して見えたICTと子どもの能力・教育の未来』（こころリソースブック出版会、2015年）など参照

（5）生命環境倫理ドイツ情報センター編『エンハンスメント——バイオテクノロジーによる人間改造と倫理』松田純／小椋宗一郎訳、知泉書館、2007年、3ページ

参考文献

総務省情報流通行政局地上放送課「字幕付きCMに対する評価、効果等に関する調査研究報告書」電通、2015年

第2章　キャプションの現状と政策
——字幕付きテレビコマーシャルの先行研究

井上滋樹／吉田仁美

　本章では、第1章の課題設定を受けて、第1に、字幕・キャプションの先進事例国であるアメリカを対象に、アメリカで字幕が生まれた歴史的背景、法制度、字幕の有効性について文献を中心にレビューする。第2に、コマーシャルへのキャプション付与について、日本の現状と政策について述べる。特に、字幕放送普及行政の指針がどのように示されてきたのか、日本の法制度や政策、業界団体などの一連の動きについて取り上げ、コマーシャルへの字幕付与に関する今後の課題を整理する。第3に、先行研究の蓄積が少なくキャプション研究の場面で見過ごされがちだったコマーシャルへの字幕付与について取り上げる。一般的なテレビ番組の字幕付与への関心は高まりつつある一方で、放送時間の約20％に相当するテレビコマーシャルへの対応は始まったばかりである。これらの経緯を整理することで、キャプションの先行研究を概観し、私たちの立ち位置を明確にしたい。

1　アメリカでのキャプションの歴史

　いまから100年以上も前に始まった初期の「無声映画[(1)]」には字幕があった。こうした映画は、視覚情報に限定されていることもあり、当時の聴覚障害者にも受け入れられていた。そういう意味では、この無声映画は、聴覚障害者にとって〈意図せず〉にキャプションの配慮がなされていたともいえる。しかし、その後の音声技術の発達によって、現在では有声映画（あるいはトーキー映画）が一般的になり、聴覚障害者にとってバリアフルなものになってしまっている。

　音声技術が発達・普及したのは1930年代のことであり、アメリカでは39

年に音声・音響技術を取り入れた一般公開用のテレビモニターをニューヨークの万博博覧会で会場に設置した。そのテレビモニターは、72年には聴覚障害者向けの字幕放送を提供するようになった。そして、アメリカ初のテレビ字幕付き番組が放送されたのは、73年の"Julia Child's French Chef"という料理番組だった。続いて、74年には"The Captioned ABC Evening News"というアメリカで初めてテレビ放送された字幕付きニュースが誕生し、歴史に名を残す番組になった。この歴史的経緯から、アメリカでの字幕放送の発端は70年代であることがわかる。

　その後、1980年にはCC（クローズド・キャプション）が導入された。具体的には、85年にアメリカで初めて視覚障害者向けの説明付きビデオ放送の公開デモンストレーションがおこなわれた。アメリカの法制度の展開をここで整理すると、90年のテレビデコーダー法（TV Decoder Circuitry Act）によって、93年からアメリカ国内で販売される13インチ以上のテレビセットにキャプション・デコーダーの組み込みが義務づけられた。さらに、96年のアメリカ電気通信法（Telecommunications Reform Act）によって、すべてのテレビ番組に字幕付与を義務づけた。そのほか、同法の255条で、テレビ放送そのものが「すべての人に利用しやすいこと」と明記されている。これらの法律に関連して、アメリカリハビリテーション法（Rehabilitation Act）508条で、政府機関が障害者に配慮した家電製品などを買うことも義務づけられた。

　以降、キャプションがアメリカの社会に浸透し、2006年1月までに小規模のローカル放送局の番組を除いた、地上波、ケーブル、衛星のすべてのテレビ番組にクローズド・キャプションを付与することが義務づけられた。「21世紀における通信と映像アクセシビリティに関する2010年法」の詳細なCaptionの規定は、その潮流を明確なものとしている。

2　アメリカのキャプションとテレビコマーシャル

　前述したように字幕は、1996年のアメリカ電気通信法に基づき、アメリカ連邦通信委員会（Federal Communications Commission：FCC。以下、FCCと略記）が98年に制定した規制によって、字幕を付けなくていい例外を規定している。10分間以下のプロモーション発表や公共サービスが例外とされ

ているため、10分以下のテレビコマーシャルについては、字幕の付与は法律で義務づけられていない。近年、アメリカでは広告主が自主的に字幕を付与しているケースも多くみられるようになったとはいえ、すべての広告に字幕が付けられているわけではない。しかし、筆者らがアメリカでテレビコマーシャルを見ていると多くの企業コマーシャルに字幕が付けられている印象を受ける。

　現在のアメリカの多くのテレビでは、リモコンに表示されている「CC（クローズド・キャプション）」のボタンを押すと英語字幕が映像とともにテレビに映し出される。これは英語を第一言語としない外国人に非常に有効だともいわれている。映画やドラマなどはもちろんのこと、ニュースやスポーツ番組などの生放送の番組にまでキャプションが付けられている。そのほか、アメリカの飲食店（レストランやバーなど）やスポーツジムでも、テレビを音声なしで字幕表示をして流しているところが多い。これは、障害者だけでなく、より多くの人に有効に機能している。現在、キャプションがより多くの人にとって有効なサービスとして役立っているのは、テレビデコーダー法とテレコミュニケーション法が早い段階でアメリカで法制度化されたことが背景にある。その背景には、聴覚障害者の人たちとそれをサポートする人たちが、聴覚障害者に一般の人々と同じように情報を共有する権利があることとその必要性を、政府や社会に長年訴えてきた歴史がある。

　アメリカ字幕研究所（National Captioning Institute：NCI。以下、NCIと略記）やズデネックは、クローズド・キャプションといわれる字幕システムを、「2,800万人の聞こえない人」「4,800万人の英語を第二言語とする人」「3,500万人の英語を読むことに進歩を要する大人」「1,700万人の英語を学習中の子ども」のほか、「数百万人の、バー、レストラン、空港、フィットネスセンター、病院などでのテレビ視聴者」が利用しているという。次に、ビデオの購入に関する調査で、NCIによれば、字幕付きと広告されているものを買うと回答した消費者が66％、字幕付きのビデオを探し出してでも購入する人が53％、字幕がないものから字幕付きのビデオのブランドに変更する人は35％とされていて、字幕付きのビデオのブランドロイヤリティー（ブランドへの忠誠心）が高まっていると示している。

　こうしてみると、1990年にテレビデコーダー法が制定されて以来、キャプションの視聴者規模は大きな広がりを見せていることがわかる。広告主にとって、テレビコマーシャルに字幕を付与することは、障害者への情報保障

としてだけでなく、商業的な観点や企業の社会的責任の視点からも必要と考えられる。

　以上、キャプションがアメリカで生まれた歴史的背景、法制度、そしてその有効性について述べてきた。当初は聴覚障害者のニーズから生まれた字幕が、現在では聴覚障害者以外の人へも有効に機能しつつある状況は、国際的な流れでもある。つまりキャプションは、障害者だけでなく、より多くの人が利用するサービスとしても注目されつつあり、その展開は国際潮流ともいえるのである。とはいえ、キャプションへの強いニーズをもつ聴覚障害者や高齢者、そしてキャプションをより使いやすいものにすることへの潜在的なニーズを有しているといわれるロービジョン（弱視）者がどのような字幕を求めているのかを今後明らかにしていくことが課題として残されている。具体的にいえば、彼ら／彼女らが求める最適なスピード、タイミング、文字、色、ピクトグラムなどに関する学術的な研究の積み重ねが必要とされる。そして、この調査研究の積み重ねを映像字幕の実践の場にフィードバックしていくことも近い将来には求められるだろう。特に、アメリカでも法的には字幕付与の対象外となっていて、日本でも字幕が普及していないテレビコマーシャルという非常に短い秒数のキャプションに関する研究はこれまで見過ごされていた領域であり、研究の蓄積も非常に少ない。今後、字幕が、コマーシャルも含めて、さらにポータブルメディアを含めたインターネットを通じた動画配信などで多言語対応を可能とすること、多言語化を通して検索機能に国境を超えてアクセス可能な環境構築にもつながるといった導入のメリットが増えることが期待される。

　ここでは先進事例であるアメリカでの字幕について述べてきたが、字幕が国境を超えてより多くの人にとって必要不可欠なサービスになることを考えると、今後、この領域での一層の研究が望まれているだろう。

3　日本の放送字幕について──行政のこれまでの取り組みから

　日本では、1997年の放送法の改正の際、放送法（第4条）で、字幕番組・解説番組について、「できる限り多く設けるようにしなければならない」と規定した。　これによって、視聴覚障害者向け番組の放送が努力義務化された。93年に字幕番組・解説番組の助成制度が創設され、字幕番組などの制

表1　キャプションを付けたテレビ番組の割合（2015年）

	「視聴覚障害者向け放送普及行政の指針」の普及目標の対象になる放送番組での字幕番組の割合（＊1）	総放送時間に占める字幕放送時間の割合
NHK（総合）	84.8%［＋1.3］	72.3%［＋4.4］
NHK（教育）	63.2%［＋7.9］	54.5%［＋6.4］
在京キー5局（＊2）	95.5%［＋2.2］	52.3%［＋2.4］
在阪準キー4局（＊3）	94.1%［＋2.1］	47.5%［＋3.1］
在名広域4局（＊4）	89.2%［＋4.5］	44.4%［－0.1］
全国の系列ローカル局（在阪準キー4局と在名広域4局を除く101社）	69.4%［＋3.0］	38.1%［＋2.0］

＊1　2週間のサンプル調査。ほかに解説放送や手話放送もある。
＊2　フジテレビジョン（CX）、テレビ朝日（EX）、日本テレビ放送網（NTV）、テレビ東京（TX）、TBSテレビ（TBS）
＊3　関西テレビ放送（KTV）、朝日放送（ABC）、読売テレビ放送（ytv）、毎日放送（MBS）
＊4　東海テレビ放送（THK）、名古屋テレビ放送（NBN）、中京テレビ放送（CTV）、CBCテレビ（CBC）
（出典：総務省「平成25年度の字幕放送等の実績」）

作費の一部助成がされるようになった。97年から2007年までの字幕番組の普及目標を定めた「字幕放送普及行政の指針」によって字幕・解説放送の普及目標の策定、進捗状況が公表されるようになった。次いで、17年度までの字幕番組・解説番組の普及目標を定めた「視聴覚障害者向け放送 普及行政の指針」の策定（2007年）、指針の見直し（2012年）などを受け、NHKや広域民放などでは字幕拡充計画、解説拡充計画が自主的に策定された。

「視聴覚障害者向け放送普及行政の指針」の普及目標の対象となる放送番組での字幕番組の割合は、2012年には、NHK（総合）：70.6%（対前年度比8.4%増）、NHK（教育）：53.5%（対前年度比1.0%増）、在京キー5局：平均90.8%（対前年度比1.9%増）、在阪準キー4局：平均90.9%（対前年度比5.3%増）、在名広域4局平均：84.1%（対前年度比6.7%増）、全国の系列ローカル局（在阪準キー4局と在名広域4局を除く101局）：平均64.0%（対前年度比2.8%増）となっている。さらに15年だと表1のようになる。

また、総放送時間に占める字幕放送時間の割合は、NHK（総合）：61.0%（対前年度比4.8%増）、NHK（教育）：45.5%（対前年度比2.9%増）、在京キー5局平均：46.1%（対前年度比2.2%増）、在阪準キー4局平均：41.7%（対前年度比0.3%増）、在名広域4局平均：41.3%（対前年度比2.8%増）、全国の系列ロ

ーカル局（在阪準キー4局と在名広域4局を除く101局）平均：32.9％（対前年度比1.5％増）となっている。こちらも2015年は表1のとおりである。

4　コマーシャルにキャプションを付けること──日本の現状と政策

　日本での、テレビコマーシャルにキャプションを付与する動きとしては、2008年に民放連がコマーシャル素材搬入基準を改訂し、コマーシャルにおける字幕の取り扱いが可能となった。

　2010年以降、「字幕付きCMのトライアルに関する留意事項」（2012年に改訂）に基づいて字幕付きコマーシャルのトライアルを実施した。10年には、TBS（3月22日）『ハンチョウ』最終回（パナソニック）の提供番組から始まり、以来、ライオン、花王など、一社提供の番組でトライアル放送が実施されてきた。以降、在京キー局は、必要なシステムの改修を完了し、字幕付きコマーシャルに対応してきた。いずれにしても放送の技術的な課題から、多くのテレビコマーシャルには字幕が付けられていないのが現状である[7]。

　そのような状況を改善するために、総務省は、2013年11月1日付の基幹放送局の再免許にあたり、総務大臣名によって、コマーシャルへの字幕付けに留意するよう文書で要請した。また、13年9月に閣議決定された「障害者基本計画」（5年計画）で、字幕放送の普及に関し、新たに「字幕付きCM」が明記された。

　さらに、日本でも2014年1月に批准し、同年2月に発効された「障害者の権利に関する条約」のなかでは、締約国は「マスメディア（略）がそのサービスを障害者にとって利用しやすいものとするよう奨励すること」（第21条）、「障害者が、利用しやすい様式を通じて、テレビジョン番組、映画、演劇その他の文化的な活動を享受する機会を有すること」（第30条）を確保するためのすべての適当な措置をとることとされていて、推進の加速が期待される。

　最近、放送業界の動きにも変化がみられる。日本民間放送連盟（民放連）、日本広告業協会（業協）、日本アドバタイザーズ協会（アドバタイザーズ協会）の3団体は2014年10月に、字幕付きCM普及推進協議会（字幕CM協議会）を設立し、民放キー局を皮切りに、聴覚障害者にも理解できるテレビコマーシャルを放映できる基盤整備を業界を挙げて進めるとし、業界全体で、少しずつ知見や経験を共有することで、広告会社や制作会社のノウハウや経

験の差が縮小され業界全体の底上げが実現しつつある。

5 コマーシャルにキャプションを付ける──先行研究と現在の課題

　一般的なテレビ番組のキャプション付けは、これまで述べたように普及しつつあるが、その一方で、放送時間の約20％に相当するテレビコマーシャルの対応は始まったばかりである。そこであらためて私たちは、聴覚障害者にとっての字幕付きテレビコマーシャルの有効性を検証するため、本書第2部で詳述するような、「テレビコマーシャルのクローズド・キャプションの有効性に関する研究」をおこなった。

　それ以前に、聴覚障害者を対象とした映像字幕に関する先行研究にはカール・ジェンセマとロブ・バーチの *Caption Speed and Viewer Comprehension of Television Programs*[8] があり、この研究は主に字幕のスピードを扱ったものである。さらに、筆者らが関わったものとして、スピードと内容理解については井上滋樹と中野泰志の "Closed-Captions for Viewers with Low Vision: Caption Speed and New Tools"[9] で、テレビコマーシャル字幕の低視力状態の有効性について研究している。その時点でも、テレビコマーシャル字幕の聴覚障害者への有効性を総合的に調査・分析した先行研究は、あまり参考にできるものがなかった。

　前掲の "Closed-Captions for Viewers with Low Vision: Caption Speed and New Tools" では、企業が、広告宣伝活動の一環として、聴覚障害者に対して字幕付きテレビコマーシャルを通じて情報提供することで、約36万人といわれる日本の聴覚障害者に商品情報が一層伝わりやすくなるという期待がもてることがわかった。つまり、聴覚障害者が聞こえる人と同様に、テレビコマーシャルから字幕によって情報を得ることが、聴覚障害者が消費活動に参画するうえで重要な機能を果たすこともみえてきた。字幕によって音・音声情報が伝わることで、購入意欲が高まる。このことは、経済活動の活性化につながるともいえるだろう。

　一方で、字幕が聴覚障害者以外の人にも必要なのかどうかに関しては、先行研究が少ないため、今後、研究していく必要があると思われる。また、字幕を一部あるいは全部読むことができないケースがある。例えば、文字の色、大きさ、フォントによって見えにくい場合がある。字幕が現れる頻度、スピ

ードや時間などにも工夫の余地がある。これらの点については、今後、字幕を制作していく際の改善ポイントも明らかになっているが、特に、キャプションの表現という観点からは、より多くの人に対して、どのようなキャプションのスピード、位置、文字の色、サイズ、出すタイミングなどのデザインや情報量が適切かなどについて研究していく必要がある。字幕を読むためには、聴力だけでなく、視力も含めた研究を進めていく必要があるだろう。特に、高齢になると視力が低下することは、そうした研究の重要性を裏づけるものである。これらは本書以後の課題になるだろう。

　一方で、字幕が普及する潮流のなかで、聴覚障害者だけでなく、耳が聞こえにくくなることが多い高齢者に対するキャプションの有効性について、さらには、コマーシャリズムの観点からだけでなく、「字幕付きテレビコマーシャル」＝キャプションという表現が私たちに与えうる影響については、まさに本書の課題となるだろう。

まとめにかえて──政策的な提言

　本章では、アメリカのキャプションの歴史的経緯、日本の放送字幕への取り組み、テレビコマーシャルへの字幕付けについてそれぞれ述べてきた。ここまでみてきたように、キャプションはもはや聴覚障害者だけでなく多様な視聴者にも活用されるものとして期待されている。すなわち、「字幕・新時代」に向けて、世界のどこでも誰でも見やすい、使いやすい字幕が求められる時代に到達しつつある。しかし現実問題として、コマーシャルへの字幕付けは、通常の番組への字幕付けと同様に、放送法第4条第2項によって放送事業者の努力義務の対象となっているにすぎない。また、放送設備が一部コマーシャル字幕に対応していないという技術面の課題、コマーシャル素材搬入ルールなどの運用面の課題も残る。

　さらに、コマーシャル字幕の表示方法の規格について当事者の意見を十分反映するべきだが、その方法も確立しておらず、コマーシャル字幕の普及までの道筋がみえないのが現状であり、今後、これらの課題に応え、しっかりと政策として打ち出していく必要がある。

　そこで重要なことは、視覚情報である字幕の必要性の視点からニーズを明白に主張できるのは、やはり聴覚障害者だということだ。聴覚障害者が映像

字幕を〈変容〉させていく契機として大きな役割を果たすためには、彼ら／彼女らが単なる字幕の一利用者にとどまらず、現在の字幕をどのようにすればよくなるのか、その改善手法を積極的に発信していく「場」が不可欠になる。そして私たちも、聴覚障害者を含めた多様な人々が字幕を通じて社会参加ができるよう、その具体的道筋を示していく必要があるだろう。

横断タグ
テーマA「社会・科学」――社会の考え方、調査法、および科学の技法
1. 現代日本：高齢化
3. 国際関係：アメリカ「電気通信法255条」、アメリカ「テレビデコーダ法」、アメリカ「リハビリテーション法508条」、アメリカ「21世紀における通信と映像アクセシビリティ2010年法」
5. 学問（科学）論：先行研究の整理
テーマB「福祉・障害」――福祉・障害学関連のトピックス
2. 社会福祉（高齢者含む）：高齢者福祉
5. 字幕（キャプション）制度・政策：キャプションの政策、字幕付きCM普及推進協議会、アメリカ「テレビデコーダ法」、キャプションの国際状況
テーマC「情報・メディア」――情報技術・メディア関連のトピックス
2. 情報通信（テレビコマーシャル）：情報保障

注

（1）サイレント映画ともいわれ、音・音声・音響などが収録されていない映画のことをいう。

（2）"New Law Will Expand TV Captions for the Deaf," *New York Times*, Oct. 16, 1996.

（3）FCCが字幕を付けなくてもいいとしている事例は下記のとおりである。

1、1996年2月8日以前に効力を発した契約上、字幕を付けることが契約違反となる場合。

2、字幕付与が膨大な負担となることを理由にFCCに例外措置申請をし、承認された場合。

3、英語、スペイン語以外の番組。ただしElectronic News Room（ENR）技術を利用して字幕付けできる脚本がある番組は例外措置対象にはならない。

4、番組予定表や地域社会掲示板のように、音声が視覚的に文字やグラフィックで表示されている番組。

5、夜間午前2時から6時に放送される番組。

6、10分以下のプロモーション発表、公共サービス発表。

7、Instructional Television Fixed Service ライセンシー発信の番組。

8、再放送の価値がない、地元で制作されて配給されたノンニュース番組。

9、新しいネットワークの番組。また放送局開局後、最初の4年。ただし、1998年1月1日時点で開局から4年以下の局については2002年1月1日まで例外措置。

10、歌詞がない音楽番組。

11、字幕付与費用が前年総収入の2%を超えた場合。

12、年間総収入が300万ドル以下の局。ただし、すでに字幕が付与された番組を放送する場合はそのまま字幕を付ける義務はある。

13、地域社会制作の教育番組。小中高校向けに公共テレビ局が地域社会で制作した教育番組。

（4）Zdenek, Sean., *Reading Sounds: Closed-Captioned Media and Popular Culture*, University of Chicago Press, 2015, p.44.

（5）*Ibid*.

（6）2010年3月22日（月曜日）、パナソニックが、TBSのドラマ『ハンチョウ』で放送。日本で初めて字幕付きコマーシャルを実施した。この情報の詳細はパナソニックのウェブサイトを参照してほしい。「プレスリリース　日本初・「テレビコマーシャル字幕放送 実験」を実施」（http://panasonic.co.jp/corp/news/official.data/data.dir/jn100319-1/jn100319-1.html）〔2015年6月3日アクセス〕

（7）「放送局側にはテレビCMに字幕を重畳するシステムがありません。放送番組には字幕サーバーというシステムで番組に字幕が付与されます。CMを送出するシステムにはそれがありません。さらにCMを放送する際、「クリアパケット信号」を使用して、番組の字幕がCMにまで入り込まないような仕組みになっており、テレビCMが放送されている時は、一切、放送字幕が表示されないようになっています。この他、各放送局におけるCM放送の運用の見直しや全国ネットとローカル局のシステムの違い、字幕制作コストなど、さまざまな問題があります」。以上、「IAUD Newsletter」2009年8月号（〔http://www.iaud.net/dayori-f/data/newsletter/2009/Newsletter05-0908_bn.pdf〕〔2015年12月3日アクセス〕17ページから抜粋。

（8）Carl J Jensema and Burch B., *Caption Speed and Viewer Comprehension of Television Programs*, Jensema and Burch, 1999.

（9）Shigeki Inoue, Yasushi Nakano, etc., "Closed-Captions for Viewers with Low Vision: Caption Speed and New Tools", *Aging, Disability and Independence: Selected Papers from the 4th International Conference on Aging, Disability and Independence 2008*, 2008, pp. 205-215.

参考文献

Department of Administration, *Captioning Performance in 2008*, Resources for press, 2009.

Gary D Robson, *The Closed Captioning Handbook*, Focal Press, 2004, pp. 4-45.

Accessible Design Foundation of Japan, "Research of inconveniences that blinds feel from the moment they wake up in the morning until when they go to sleep at night," 2002.

国際ユニヴァーサルデザイン評議会「聴覚障害者への情報保障のあり方調査」（http://www.iaud.net/library/pdf/IAC_report_050526_reference.pdf）［2015年11月10日アクセス］

井上滋樹「アメリカにおけるクローズドキャプション（CC）に関する研究　歴史と法制度からの考察」第3回国際ユニヴァーサルデザイン会議2010 in はままつ、2010年

総務省情報行政局「取りまとめ　骨子（案）」スマートテレビ時代における字幕等の在り方に関する検討会CM字幕ワーキンググループ第4回配付資料、2014年5月23日

総務省情報流通行政局「デジタル放送時代の視聴覚障害者向け放送の充実に関する研究会報告書」2012年（http://www.soumu.go.jp/menu_news/s-news/01ryutsu05_02000022.html）［2016年3月19日アクセス］

総務省情報流通行政局「字幕付きCMに対する評価、効果等に関する調査研究報告書」電通、2015年（http://www.soumu.go.jp/main_content/000372825.pdf）［2016年3月19日アクセス］

■コラム1■「障害」とは何か? 柴田邦臣
──「社会モデル」とインクルーシブ教育

「障害」とは何か、その表記について

　本書を読んできて、すでに気になっているという人がいるかもしれない。本書では特に断ることなく、「障害」という表記をしてきた。一方で街のなかでは、同じような障害に関して様々な表記を見ることができる。「障碍」や「障がい」、「しょうがい」とひらがな表記に開いたもの、そして「チャレンジド」などと別な表現をしている人もいる。
　「障害」という用語は法律・行政用語であり、かつ最も人口に膾炙した表現である。しかし漢字の意味でみると、「障」も「害」も「さまたげられている」とか「そこなわれている」という意味で、イメージのいいものではない。そこで表記を変えたり、別の用語を使ったりということもされてきた。(1)
　そのような言い換えは、それぞれの使用者が理由をもっておこなっていることであり、それぞれ尊重されるべき意味がある。本書で相変わらず「障害」という表記を用いるのにも、もちろん理由がある。
　そもそも「障害」とは、何だろうか。「障害者」とは、誰のことだろうか。本書を読み進めてきた方は、この問いの本質的な意味に気づいてくれていると思う。本書はこれまで、ろう・難聴をはじめとした様々な「障害者」に言及してきた。そして同じように、高齢者や、言葉の理解に苦労をしている人――ときには英語の苦手な人という、大部分の日本人も――同じようにふれてきた。つまり本書は、「障害」を「身体そのものに機能制限や欠損があること」(impairment)としては用いていない。「障害」を、「身体状況や社会的な状況・制度によって、活用や参加がさまたげられた状態」として考えているのである。

障害の社会的構成

　本書が注目している聴覚障害――本当は、「ろう」「難聴」と呼ぶべ

きなのだが、わかりにくい場合が多いので「聴覚障害」を併用している——の分野で、「障害」という考え方の歴史に名を残す、金字塔といわれるものがある。それが、「ろう文化宣言」である。

「ろう者とは、日本手話という、日本語とは異なる言語を話す、言語的少数者である」。
これが、私たちの「ろう者」の定義である。
これは、「ろう者」＝「耳の聞こえない者」、つまり「障害者」という病理的視点から、「ろう者」＝「日本手話を日常言語として用いる者」、つまり「言語的少数者」という社会的文化的視点への転換である。
このような視点の転換は、ろう者の用いる手話が、音声言語と比べて遜色のない、〈完全な〉言語であるとの認識のもとに、初めて可能になったものだ。ろう者が手話というものをコミュニケーション手段として用いているということは、すでに社会的常識となっている。しかし、ろう者の用いる手話が、狭義の言語の定義に当てはまるということは、たいてい理解されていない。手話は、音声言語を使うことのできない人のための、〈不完全な〉代替品だと、一般には考えられているのだ。

この宣言は、当時のイギリスやアメリカなどの世界的なムーブメントと歩調を合わせて、日本の「障害」研究はもちろん、障害当事者自身の考え方にも大きなインパクトを与えた。

特に社会学の観点から理解すると、その理由がよくわかる。社会学は社会問題の分析として、個人的にみえる、ないしはそうと思われてきた問題が実は社会的に構成されているという、社会問題の「社会的構成」の解明に力を尽くしてきた。

その立場からいえば、「障害」が社会的な課題であるなら、それは社会的に構成されているということになる。「障害」が社会的に構築されたものであるなら、その表現を安易に見栄えよく言い換えたり書き換えたりしてしまうと、逆に問題を覆い隠したり矮小化したりする行為につながりはしないだろうか。そのため本書では、社会問題に直視し正対するために、「障害」という表現を使っている。

コラム1 「障害」とは何か？ 49

International Classification of Functioning と「社会モデル」

　障害が個人の問題ではなく、社会的に構成されるという考え方は、すでに広く受け入れられているし、国際的にも〈常識〉となっている。現に、世界保健機構（WHO）は、それまで「障害」の定義を担ってきた「国際障害分類」を廃止している。それを乗り越えて制定されたのが、「国際生活機能分類（International Classification of Functioning of Disability：ICF）」である。それは以下のように、医学モデルが障害という現象を個人の問題とし、医療などの専門職による個別な治療とする前時代的な理解にとどまっていた反省から始まり、「社会モデル」という理論を定式化している。

> 　社会モデルでは、障害を主として社会によって作られた問題と見なし、基本的に障害がある人の社会への完全な統合の問題としてみる。障害は個人に帰属するものではなく、諸状態の集合体であり、その多くが社会環境によって作り出されたものであるとされる。したがって、この問題に取り組むには社会的行動が求められ、障害のある人の社会生活の全分野への完全参加に必要な環境の変更を社会全体の共同責任とする。[(4)]

「合理的配慮」

　障害の「社会的構成」「社会モデル」という考え方を理解できれば、なぜ本書で「合理的配慮」という考え方にこだわってきたのかを理解していただけると思う。その配慮は、恵まれない個人に対する善意としてなされるものではない。それは社会に起因し帰責するものだから、社会的責任として考慮されおこなわれるべきものなのだ。まさに理由と論理を兼ね備えた「合理性」があるのである。[(5)]

　第1章で述べたように「合理的配慮」は、2016年4月から施行される「障害を理由とする差別の解消に関する法律（障害者差別解消法）」の第5条、第8条にも明記されている中心的概念だが、それを理解するためには、「社会モデル」という考え方を把握する必要がある。

　まず「合理的配慮」は、配慮を受けるものの自主性を尊重し、自己決定をさまたげるものであってはならない。この点は、「医学モデル」が

ともすると専門職による過剰な保護（パターナリズム）に陥りがちだった過去の自省によって支えられている。さらに配慮の「合理性」は、過度の負担を強いない範囲という意味をも含む。その場合、どこからが過度になるのか、どこまでが合理的と認めうるのか、その判断の規準は、個別にかつ社会的に決定されることになる。

　第1章で「合理的配慮」の定義を整理し、第8章では「合理的配慮の規準」という論点を提示している。その議論の背景には、「合理的配慮」が、それぞれ社会的に調整されて決まるという理解がある。

「インクルーシブ教育」と「社会モデル」

　「障害」という課題が社会的に決まり、そのために必要な「合理的配慮」も当事者を中心とした社会的な折り合いのなかで決まっていくという事実に立脚できれば、私たちが「ソーシャル・インクルージョン（社会的包摂・包括）」のために、何を必要としているのかについても明確にすることができる。

　近年、「インクルーシブ教育（包括的教育）」という考え方も注目されている。「障害者権利条約」にも明記されているそれは、従来いわれてきた「インテグレート教育（統合教育）」と区別されている。インテグレーションが障害者向けの「特別教育」を「普通教育」に統合するものだとすれば、「インクルーシブ教育」は、それぞれ多様な当事者に、それぞれの個別で多様な配慮がなされることによって、はじめて果たされることになる。障害を「特別視」する／しないのではなく、そもそも社会的多様性として引き受けるという思想が、その転換点を生み出している。だから第8章では、それぞれ個別に企図される多様な配慮が、それぞれ合理的であるかを問わなければならないのである。

　これらの議論の背骨として、障害を社会の問題として把握しようとする「社会モデル」が存在していることを忘れてはならない。それは、私たちが私たちを「標準に統合していくような社会」ではなく、「ともに生きつながっていくようなインクルーシブな社会」を構想する胚胎となるだろう。

横断タグ
テーマA「社会・科学」――社会の考え方、調査法、および科学の技法
2. 社会理論：社会問題の社会的構成 3. 国際関係：「障害者権利条約」、WHO「国際生活機能分類」
テーマB「福祉・障害」――福祉・障害学関連のトピックス
1. 障害論：「障害」の表記と定義 2. 社会福祉（高齢者含む）：「社会モデル」、障害者福祉 3. 合理的配慮：「合理的配慮」の理論 4. 社会的包摂・包括（インクルーシブ・インクルージョン）：インクルーシブ教育、社会的マイノリティ
テーマC「情報・メディア」――情報技術・メディア関連のトピックス
なし

注

（1）障がい者制度改革推進会議「「障害」の表記に関する検討結果について」内閣府、2010年

（2）木村晴美／市田泰弘「ろう文化宣言――言語的少数者としてのろう者」、「総特集 ろう文化」『現代思想』1996年4月号、青土社

（3）表記をめぐる議論にはもう一つ、法規上、社会通念上、いちばん普及している表現だから、という点も含まれる。したがって、本書の立場は変わらなくても、「障害」以外のかな表記や別表記が一般的になって社会問題を正確に表すようになれば、もちろんその表記を採用することになるだろう。社会問題の名付けは、安易で過剰な気遣いなのではなく、時代と学説の状況によって変化していくべきなのである。

（4）WHO, *International Classification of Functioning, Disability and Health*, 2001.〔世界保健機関、障害者福祉研究会編『ICF国際生活機能分類――国際障害分類改定版』中央法規、2002年〕

（5）福祉的配慮の問題構造という観点から、Reasonable Accomodationの訳としてふさわしくないという意見もある。ここではそれもふまえながら、定訳化したその中身を論じている。安積純子／岡原正幸／尾中文哉／立岩真也『生の技法――家と施設を出て暮らす障害者の社会学：第3版』（生活書院、2013年）など参照。

第2部　字幕・キャプションの現実
　　　──博報堂テレビコマーシャル調査から

第1部では、「字幕」という「特別そうなモノ」が、実は幅広い意味と新しい可能性とを備えた、まさに「私たちの問題」であることを述べてきた。それでは実際のところ、字幕・キャプションの現状はどのようなものなのだろうか。

　現状を把握するために最もすぐれた手段は社会調査である。そこで、ここからは2012年に博報堂と筆者らが共同でおこなった「テレビCMのクローズド・キャプションによる字幕の有効性に関する調査研究」をもとに分析することで、字幕の現状を把握していく。

　この調査は、大きく2段階に分かれている。まず、テレビコマーシャルに着目し、その全国的な動向と、実際の評価を質問紙によって調査した調査Ⅰである。これまで字幕利用に関する全国調査は十分おこなわれていなかった。その意味で、調査Ⅰは貴重な成果だといえるだろう。

　調査Ⅰは量的な社会調査だが、それをさらに深めた調査Ⅱは質的な社会調査だといえる。本書では、第3章で調査Ⅰを分析し、その結果、判明した知見をもとに、調査Ⅱを活用した第4章を執筆している。

　まず調査Ⅰからは、高齢者と難聴者の重なりのなかで、これまで「字幕は必要ない」と考えられてきた層が実はきわめて字幕・キャプションを評価し必要としてきていることを解明した。調査Ⅱからは、その字幕の評価と必要性が、「画面に文字が付くことによるわかりやすさ」という表現技法によること、しかしながらそれを前提にした利用はまだ十分ではないことを論じた。

　量的な全国調査によって現状を把握し、その成果を手がかりに実態を深く解明していくという社会調査の基本にそった議論を展開していきたいと考えている。これまで、そもそも「字幕」そのものが十分に調査されていなかったことを省みても、両調査と第2部は、字幕・キャプション研究でも重要な足跡を残すものだといえるだろう。調査Ⅰの詳細は巻末に補章を掲載していて、調査Ⅱの実施についてもまとめているので、ぜひ参照してほしい。

（柴田邦臣）

第3章　字幕は、誰のものか?
―― キャプションのニーズ拡大

吉田仁美／井上滋樹／阿由葉大生

1　調査の背景

　字幕・キャプションをめぐる問題を、第1章では量的拡大と質的深化の2点から整理してきた。本章ではそのうち、量的拡大＝ユーザーの広がりについて検討するために実施された調査Ⅰを分析する。そこで提示された仮説は以下のようなものだった。

仮説Ⅰ　キャプションは、より広範な人にとっても合理的な配慮になりえる

　字幕という言葉を聞くと、私たちはつい聴覚障害者向けの情報保障サービスだと思ってしまいがちだ。しかし、第2章で述べたように、キャプションは聴覚障害者に限らず、より多くのユーザーにメリットをもたらす可能性がある。例えば高齢者は、聴覚障害者と同じようにテレビの音声放送を聞き取ることに困難に感じているかもしれず、聴覚障害者と同様のニーズをキャプションに対してもっているかもしれない。

　確かに、高齢者の多くは自身を聴覚〈障害者〉だとは思ってはおらず、ただ単に〈耳が遠くなった〉だけだと捉えていることが多いだろう。しかし、こうした〈耳が遠くなった〉高齢者にとっても、キャプションは大きなメリットをもっていると考えられる。現在、日本の総人口の5人に1人は65歳以上の高齢者だが、2060年には、2.5人に1人が65歳以上になる超高齢社会が到来するといわれている。[1]誰しも老化によって聴力が低下するので、〈耳が遠い〉年齢層は、今後さらに増えるだろう。日本の難聴者は現時点で約2,000万人（潜在的な難聴も含める）いるが、高齢化の進展によって今後さら

に増大していくとみていいだろう[(2)]。

　そこで今回、聴覚障害者と聴覚障害をもたない一般対象者の双方を調査することで、聴覚障害者と60代以上の高齢者との共通ニーズを探ってみることにした。聴覚障害者と高齢者世代両方の「聞こえにくさ」を明らかにしようとしたこの研究は、2012年の報告当時はもちろん現在も世界に先駆けた試みであった。

2　調査Iの目的と方法

　キャプションの題材として本調査で取り上げるのは、字幕を付けたテレビコマーシャルである。アカデミックな分野でのキャプションについての研究蓄積は少ない。とりわけ、字幕付き映像を作るためのテクニカルな工学的研究ではなく、キャプション映像の視聴者への影響を分析した信頼性が高い調査は、国内外ともに実施されていない。そこで本調査では、テレビコマーシャルに付けたキャプションを題材に、多様な利用者のニーズの共通性を明らかにすることを目的とする。

　具体的には、キャプションを付けたコマーシャル群について、その傾向や視聴者への影響を分析する質問票調査を実施した（以下、調査Iと呼ぶ）。調査Iは、聴覚障害をもつ人ともたない人、10代から70代までの様々な年代を対象に、日頃のテレビ視聴のあり方から社会階層属性まで幅広い項目を尋ねている。この調査の詳しい実施方法と調査結果の集計は、巻末の調査報告書を参照してほしい。また、本書で用いる分析手法や社会統計学の基礎についてはコラム2で説明しているので、必要に応じて参照してほしい。

　この調査Iでは、15歳から79歳までの全国の男女900人に、質問票（いわゆるアンケート）に回答してもらった。900人のうち、聴覚障害をもたない人（健聴者）は800人（以下、この800人の人たちを一般対象者と表記する）だった。一方、聴覚障害者は100人だった。これら2群の回答者に、下記の各種コマーシャルのいずれかについて字幕付き／なしの2種類を見たうえで、質問に回答してもらった（具体的な調査については、巻末の単純集計論文を参照してほしい）。

写真1 字幕付きコマーシャルの具体例(写真提供:花王)

3 キャプションの認知と意向

まず、そもそもキャプションを知っているか、その認知度を調べた。以下の表1のように、聴覚障害者はキャプションを認知している傾向があるのに対して、一般対象者は知らない傾向がある。

年代と字幕付きコマーシャルの認知度をクロス集計しても、相関関係は認められない。一般対象者内では、どの年代でも「知らなかった」が70％以

表1 聴覚障害の有無とキャプション認知度

		知っていたし、利用したことがある	知っていたが、利用したことはない	知らなかった	合計
一般対象者	度数	80	144	576	800
	行％	10	18	72	
	期待値	107.6	138.7	553.8	
	偏差	−27.6	5.3	22.2	
聴覚障害者	度数	41	12	47	
	行％	41	12	47	100
	期待値	13.4	17.3	69.2	
	偏差	27.6	−5.3	−22.2	
合計		121	156	623	900

第3章 字幕は、誰のものか?

表2　年代とキャプション認知度

		知っていたし、利用したことがある	知っていたが、利用したことはない	知らなかった	合計
10代-40代	度数	57	78	323	458
	行%	12.5	17.0	70.5	
	期待値	45.8	82.4	329.8	
	偏差	11.2	−4.11	−6.8	
50代	度数	14	19	81	114
	行%	12.3	16.7	71.05	
	期待値	11.4	20.5	82.08	
	偏差	2.6	−1.52	−1.08	
60代-70代	度数	9	47	172	228
	行%	4.0	20.6	75.4	
	期待値	22.8	41.0	164.2	
	偏差	−13.8	6.0	7.8	
合計		80	144	576	800

上となっている。

　コマーシャル字幕に対して聴覚障害者と一般対象者との傾向が分かれるのは、事前の予想どおりともいえる。健聴者にとってキャプションは、やはり「じゃまもの」なのである。

　ところが分析を進めていくと、健聴者のなかに、キャプションに対して異なった振る舞いをする層を発見できる。それが高齢者である。

4　高齢者と聴覚障害者の共通性

　次に、同じコマーシャルにキャプションを付けた場合と付けない場合、どちらが高く評価されるかを分析した。つまり、字幕付きのコマーシャルと字幕なしのコマーシャルを見比べてもらったうえで、どちらのほうが理解しやすさや内容の伝わりやすさの点で高く評価されるかについて、聴覚障害者の回答と一般対象者の回答を比較している。同様に、どちらのコマーシャルのほうが高く評価されるかについて、高齢者とそれ以外の年代の被験者の回答を比較している。

　まず、コマーシャルの伝わりやすさと字幕の有無が与える影響を検討した。次に、「購入意向」など企業評価により直接に関わる項目でも、キャプションの有無の与える影響を検討した。その結果、これらに関する質問の回答で、

60代から70代の高齢者と聴覚障害者が似た振る舞いをすることが明らかになり、両者の共通性が示唆された。

①コマーシャル理解度相対評価

はじめに、一般対象者と比較した場合、聴覚障害者が字幕付きコマーシャルと字幕なしコマーシャルとのどちらが理解しやすいかというコマーシャル理解度相対評価について分析する。まずは、聴覚障害の有無によって、字幕付きコマーシャルと字幕なしコマーシャルのどちらが理解されやすいかをクロス集計によって分析し、次に年代によって字幕付きコマーシャルと字幕なしコマーシャルのどちらが理解されやすいかを分析した。

なお、調査Ⅰでは、理解度相対評価については「字幕付きコマーシャルのほう、やや字幕付きコマーシャルのほう、やや字幕なしコマーシャルのほう、字幕なしコマーシャルのほう」という4段階の総体評価で尋ねているが、ここでは「字幕付きコマーシャルのほう、やや字幕付きコマーシャルのほう」を合算して「字幕付きコマーシャルのほう」、「やや字幕なしコマーシャルのほう、字幕なしコマーシャルのほう」を合算して「字幕なしコマーシャルのほう」としている。2段階のコマーシャル理解度相対評価と障害の有無をクロス集計した結果、表3が得られている。

表3では、聴覚障害者100人のうち97人（97.0％）が「字幕付きコマーシャルのほうが理解しやすい」と感じ、3人（3％）だけが「字幕なしコマーシャルのほうが理解しやすいと思う」と回答している。対照的に、一般対象者800人では、351人（43.9％）が「字幕付きコマーシャルのほうが理解しやすいと思う」と回答したのに対して、449人（56.1％）は「字幕なしコマーシャルのほうが理解しやすいと思う」と回答している。

加えて、表中の偏差に着目したい。これは、聴覚障害の有無とコマーシャル理解度相対評価が無関係だという帰無仮説に基づく期待値と、実際に計測された調査結果との差を示す変数である。この偏差に着目すると、一般対象者では字幕なしコマーシャルのほうが理解しやすい者が期待値よりも多いのに対して、聴覚障害者では字幕付きコマーシャルのほうが理解しやすいと回答した者が期待値よりも多い。以上から、聴覚障害があることによって、字幕なしコマーシャルよりも字幕付きコマーシャルを有意に「理解しやすい」と感じることが明らかになった。

では次に、高齢者は字幕付きコマーシャルの理解しやすさについて、どの

表3　聴覚障害の有無とコマーシャルの理解度相対評価のクロス表

		字幕付きコマーシャルのほうが理解しやすいと思う	字幕なしコマーシャルのほうが理解しやすいと思う	合計
一般対象者	度数	351	449	800
	行%	43.9	56.1	
	期待値	398.2	401.8	
	偏差	−47.2	47.2	
聴覚障害者	度数	97	3	100
	行%	97	3	
	期待値	49.8	50.2	
	偏差	47.2	−47.2	
合計		448	452	900

ように感じているか、を検討した。そこで、一般対象者の回答だけに絞り、年代とコマーシャル理解度相対評価についてクロス集計をおこなった。年代は、10代から70代の被験者を「10代—40代」「50代」「60代—70代」という3群に分け、コマーシャルの理解のしやすさについては、先ほどと同様「字幕付きコマーシャルのほう」と「字幕なしコマーシャルのほう」という2群に分けている（表4）。

その結果、10代から40代では180人（39.3%）が字幕付きコマーシャルのほうを理解しやすいと感じたのに対して、278人（60.7%）が字幕なしコマーシャルのほうが理解しやすいと感じていることがわかった。50代では、字幕付きコマーシャルのほうが理解しやすいと感じたのは55人（48.2%）、字幕なしコマーシャルのほうが理解しやすいと感じたものは59人（51.8%）と、ほぼ半分ずつに分かれている。60代から70代でも、字幕付きコマーシャルのほうが理解しやすいと答えた者が116人（50.9%）で、字幕なしコマーシャルのほうが理解しやすいと答えた者は112人（49.1%）である。

さらに帰無仮説に基づく期待値との偏差に着目すると、10代から40代では字幕なしコマーシャルのほうが理解しやすいと感じるものが期待値より多いのに対して、50代では字幕付きコマーシャルのほうが理解しやすい者が期待値より少し多く、60代から70代ではさらに多いことがわかる。ここからも、10代から40代の層が字幕なしコマーシャルのほうを理解しやすいと感じるのに対して、50代以上の一般対象者は有意に字幕付きコマーシャルのほうを理解しやすいと感じていることが明らかだ。

では、コマーシャルの理解度とは具体的にどのようなことを意味するのだ

表4　年代とコマーシャルの理解度相対評価のクロス表

		字幕付きコマーシャルのほうが理解しやすいと思う	字幕なしコマーシャルのほうが理解しやすいと思う	合計
10代－40代	度数	180	278	458
	行％	39.3	60.7	
	期待値	200.9	257.1	
	偏差	－20.9	20.9	
50代	度数	55	59	114
	行％	48.2	51.8	
	期待値	50.0	64.0	
	偏差	5.0	－5.0	
60代－70代	度数	116	112	228
	行％	50.9	49.1	
	期待値	100.0	128.0	
	偏差	16.0	－16.0	
合計		351	449	800

ろうか。調査Ⅰではさらに細かく、商品名やブランド名が記憶に残るかどうか、商品の機能が伝わるかどうか、コマーシャルのコメントが伝わるかどうかという3点について、字幕付きコマーシャルと字幕なしコマーシャルのどちらがいいかを尋ねている。

②コマーシャル相対評価（a. 商品名・ブランド名が記憶に残る）

　第1に、字幕付きコマーシャルと字幕なしコマーシャルとでどちらが「a. 商品・ブランド名が記憶に残る」か、聴覚障害の有無とクロス集計をおこなった。聴覚障害者のうち字幕付きコマーシャルのほう（「字幕付きコマーシャルのほう」と「やや字幕付きコマーシャルのほう」の合算値）が商品・ブランド名が記憶に残ると回答した者は79.0％だったのに対し、字幕なしコマーシャルのほうと回答したのは21.0％だった。一般対象者では、字幕なしコマーシャルのほうが記憶に残ると答えた者が合わせて58.7％だったのに対して、字幕付きコマーシャルを選んだのは41.3％にとどまった（表5）。

　第2に、年代とどちらが商品名・ブランド名が記憶に残るかをクロス集計した。10代から40代では合わせて35.6％、50代で48.2％、60代から70代では49.2％が字幕付きコマーシャルのほうが記憶に残ると回答していて、字幕付きコマーシャルのほうが商品名やブランド名が記憶に残る割合は、年代が上がるほうが高くなることが示された（表6）。

表5　聴覚障害の有無とコマーシャル相対評価（a. 商品名・ブランド名が記憶に残る）

		字幕付きコマーシャルのほう	やや字幕付きコマーシャルのほう	やや字幕なしコマーシャルのほう	字幕なしコマーシャルのほう	合計
一般対象者	度数	122	208	209	261	800
	行%	15.3	26	26.1	32.6	
	期待値	161.8	201.8	200	236.4	
	偏差	−39.8	6.2	9	24.6	
聴覚障害者	度数	60	19	16	5	100
	行%	60	19	16	5	
	期待値	20.2	25.2	25	29.6	
	偏差	39.8	−6.2	−9	−24.6	
合計		182	227	225	266	900

表6　年代とコマーシャル相対評価（a. 商品名・ブランド名が記憶に残る）

		字幕付きコマーシャルのほう	やや字幕付きコマーシャルのほう	やや字幕なしコマーシャルのほう	字幕なしコマーシャルのほう	合計
10代−40代	度数	52	111	136	159	458
	行%	11.4	24.2	29.7	34.7	
	期待値	69.8	119.1	119.7	149.4	
	偏差	−17.8	−8.1	16.3	9.6	
50代	度数	19	36	28	31	114
	行%	16.7	31.6	24.5	27.2	
	期待値	17.4	29.6	29.8	37.2	
	偏差	1.62	6.4	1.8	−6.2	
60代−70代	度数	51	61	45	71	228
	行%	22.4	26.8	19.7	31.1	
	期待値	34.8	59.3	59.6	74.4	
	偏差	16.2	1.7	−14.6	−3.4	
合計		122	208	209	261	800

③コマーシャル相対評価（b. 商品機能がわかる）

　第3に、どちらが「b. 商品機能がわかる」かという設問を取り上げる。聴覚障害者のうち97.0%が「字幕付きコマーシャルのほう」または「やや字幕付きコマーシャルのほう」と回答した一方で、一般対象者で字幕付きコマーシャルのほうを選択したのは45.4%だった（表7）。

　第4に、一般対象者の年代別比較で、字幕付きコマーシャルのほうが商品機能がわかると回答したのは、10代から40代が42.6%、50代が47.3%、60代から70代が50.0%であり、60代から70代がほかの年代よりも字幕付きコ

表7 聴覚障害の有無とコマーシャル相対評価（b. 商品機能がわかる）

		字幕付きコマーシャルのほう	やや字幕付きコマーシャルのほう	やや字幕なしコマーシャルのほう	字幕なしコマーシャルのほう	合計
一般対象者	度数	132	231	173	264	800
	行%	16.5	28.9	21.6	33	
	期待値	184	224.9	156.4	234.7	
	偏差	−52	6.1	16.6	29.3	
聴覚障害者	度数	75	22	3	0	100
	行%	75	22	3	0	
	期待値	23	28.1	19.6	29.3	
	偏差	52	−6.1	−16.6	−29.3	
合計		207	253	176	264	900

表8 年代とコマーシャル相対評価（b. 商品機能がわかる）

		字幕付きコマーシャルのほう	やや字幕付きコマーシャルのほう	やや字幕なしコマーシャルのほう	字幕なしコマーシャルのほう	合計
10代−40代	度数	52	143	109	154	458
	行%	11.4	31.2	23.8	33.6	
	期待値	75.6	132.2	99.0	151.1	
	偏差	−23.6	10.8	10.0	2.9	
50代	度数	25	29	25	35	114
	行%	21.9	25.4	21.9	30.7	
	期待値	18.8	32.9	24.7	37.6	
	偏差	6.2	−3.9	0.3	−2.6	
60代−70代	度数	55	59	39	75	228
	行%	24.1	25.9	17.1	32.9	
	期待値	37.6	65.8	49.3	75.2	
	偏差	17.4	−6.8	−10.3	−0.2	
合計		132	231	173	264	800

マーシャルのほうを選択する傾向があることがわかった（表8）。

④コマーシャル相対評価（c. コメントが伝わる）

「c. コメントが伝わる」と感じるのは「字幕付きコマーシャルのほう」または「やや字幕付きコマーシャルのほう」と回答した聴覚障害者は98.0.％、一般対象者は52.3％だった（表9）。また、一般対象者の年代別比較では、10代から40代が51.5％、50代が52.6％、60代から70代が53.9％であり、60代から70代がほかの年代よりも字幕付きのほうを選択する傾向があることがわかった。また、一般対象者の全年代で過半数以上が字幕付きコマーシャル

表9　聴覚障害の有無とコマーシャル相対評価（c. コメントが伝わる）

		字幕付きコマーシャルのほう	やや字幕付きコマーシャルのほう	やや字幕なしコマーシャルのほう	字幕なしコマーシャルのほう	合計
一般対象者	度数	162	257	147	234	800
	行%	20.3	32.1	18.4	29.2	
	期待値	220.4	239.1	132.4	208	
	偏差	−58.4	17.9	14.6	26	
聴覚障害者	度数	86	12	2	0	100
	行%	86	12	2	0	
	期待値	27.6	29.9	16.6	26	
	偏差	58.4	−17.9	−14.6	−26	
合計		248	269	149	234	900

表10　年代とコマーシャル相対評価（c. コメントが伝わる）

		字幕付きコマーシャルのほう	やや字幕付きコマーシャルのほう	やや字幕なしコマーシャルのほう	字幕なしコマーシャルのほう	合計
10代−40代	度数	72	164	92	130	458
	行%	15.7	35.8	20.1	28.4	
	期待値	92.7	147.1	84.2	134.0	
	偏差	−20.7	16.9	7.8	−4.0	
50代	度数	25	35	22	32	114
	行%	21.9	30.7	19.3	28.1	
	期待値	23.1	36.6	20.9	33.3	
	偏差	1.9	−1.6	1.1	−1.3	
60代−70代	度数	65	58	33	72	228
	行%	28.5	25.4	14.5	31.6	
	期待値	46.2	73.2	41.9	66.7	
	偏差	18.8	−15.2	−8.9	5.3	
合計		162	257	147	234	800

のほうを選択していて、全世代共通で「コメントが伝わる」と感じている（表10）。

⑤コマーシャル好意度　相対評価（4素材計）

　第5に、字幕付きと字幕なしのコマーシャルのうち、どちらに「好意度」を抱くかを尋ねる質問項目に着目する。この好意度の評価と聴覚障害の有無とをクロス集計した場合、聴覚障害者の96.0％が「字幕付きコマーシャルのほうがいいと思う」と回答した。

表11　聴覚障害の有無とコマーシャル好意度 相対評価（4素材計）

		字幕付きコマーシャルのほうがいいと思う	字幕なしコマーシャルのほうがいいと思う	合計
一般対象者	度数	264	536	800
	行％	33	67	
	期待値	320	480	
	偏差	−56	56	
聴覚障害者	度数	96	4	100
	行％	96	4	
	期待値	40	60	
	偏差	56	−56	
合計		360	540	900

表12　年代とコマーシャル好意度 相対評価（4素材計）

		字幕付きコマーシャルのほうがいいと思う	字幕なしコマーシャルのほうがいいと思う	合計
10代−40代	度数	124	334	458
	行％	27.1	72.9	
	期待値	151.1	306.9	
	偏差	−27.1	27.1	
50代	度数	42	72	114
	行％	36.8	63.2	
	期待値	37.6	76.4	
	偏差	4.4	−4.4	
60代−70代	度数	98	130	228
	行％	43.0	57.0	
	期待値	75.2	152.8	
	偏差	22.8	−22.8	
合計		264	536	800

　年代と好意度をクロス集計した場合、「字幕付きコマーシャルのほうがいい」と回答した割合は、10代から40代が27.1％、50代が36.8％、60代から70代が43.0％であり、60代から70代がほかの年代よりも字幕付きコマーシャルに対する好意度が高いことが見て取れる。

⑥**コマーシャルによる商品購入意向**
　コマーシャルによる商品購入意向について、「字幕付きコマーシャルのほうを購入してみたい」または「やや字幕付きコマーシャルのほうを購入してみたい」と回答した聴覚障害者は合計96.0％で、一般対象者は37.7％だった

表13　聴覚障害の有無とコマーシャルによる商品購入意向

		字幕付きコマーシャルのほうを購入してみたい	やや字幕付きコマーシャルのほうを購入してみたい	やや字幕なしコマーシャルのほうを購入してみたい	字幕なしコマーシャルのほうを購入してみたい	合計
一般対象者	度数	81	221	252	246	800
	行%	10.1	27.6	31.5	30.8	
	期待値	136.0	217.8	226.7	219.6	
	偏差	−55.0	3.2	25.3	26.4	
聴覚障害者	度数	72	24	3	1	100
	行%	72	24	3	1	
	期待値	17	27.2	28.3	27.4	
	偏差	55	−3.2	−25.3	−26.4	
合計		153	245	255	247	900

表14　年代とコマーシャルによる商品購入意向

		字幕付きコマーシャルのほうを購入してみたい	やや字幕付きコマーシャルのほうを購入してみたい	やや字幕なしコマーシャルのほうを購入してみたい	字幕なしコマーシャルのほうを購入してみたい	合計
10代−40代	度数	26	125	157	150	458
	行%	5.7	27.3	34.3	32.7	
	期待値	46.4	126.5	144.3	140.8	
	偏差	−20.4	−1.5	12.7	9.2	
50代	度数	14	31	38	31	114
	行%	12.3	27.2	33.3	27.2	
	期待値	11.5	31.5	35.9	35.1	
	偏差	2.5	−0.5	2.1	−4.1	
60代−70代	度数	41	65	57	65	228
	行%	18.0	28.5	25.0	28.5	
	期待値	23.1	63.0	71.8	70.1	
	偏差	17.9	2.0	−14.8	−5.1	
合計		81	221	252	246	800

（表13）。一般対象者の年代別での比較では、10代から40代が32.9%、50代が39.5%、60代から70代が46.5%であり、60代から70代がほかの年代よりも字幕付きコマーシャルによる商品購入意向が高いことがわかった（表14）。

5　高齢者——キャプションの潜在的なユーザー

　以上を通じて、まず、聴覚障害者と高齢者の共通性が明らかになった。聴覚障害者と一般対象者で比較すると、聴覚障害者のほうが字幕付きコマーシャルに対する興味・関心が非常に高く、テレビコマーシャルへの字幕付与に大きな期待を寄せていることである。同時に、60歳以上の高齢者も、それ以外の年代と比較するとは字幕付きコマーシャルに対する興味・関心が高い傾向にあることもわかった。そのため、字幕が付与されたコマーシャルは高齢者と聴覚障害者の双方が高く評価し、また必要としているといえるだろう。

　例えば、「理解度」で字幕付き／字幕なしのどちらのコマーシャルを評価するかについて、聴覚障害者は字幕付きコマーシャルを非常に高く評価している。同様に、一般対象者の60代から70代も、他世代と比較すると字幕付きコマーシャルを高く評価している。この結果から、字幕付きコマーシャルの「理解度」の評価での聴覚障害者と高齢者（60代から70代）の共通性が明らかになった。

　同様の傾向が、コマーシャル好意度についても明らかになった。聴覚障害者は一般対象者に比べて、字幕付きコマーシャルに対して好意をもつ傾向が、また、60代から70代の高齢者もほかの年代に比べて字幕付きコマーシャルに対して好意をもつ傾向が明らかになった。ここからも、聴覚障害者と高齢者の共通性が見て取れる。

　「商品購入意向」でも、検定こそ通らなかったものの、聴覚障害者は字幕付きコマーシャルの商品を購入したいと感じていることがわかった。高齢者については、字幕付きコマーシャルを選択する傾向がみられた。

　しかしながら、高齢者と聴覚障害者の相違点も明らかになった。字幕コマーシャルの認知度や音声の字幕化程度については高齢者と聴覚障害者の振る舞いは異なっている。そのため、キャプションのユーザーとしてみた場合、高齢者の多くはまだ潜在的なユーザーでしかないともいえる。彼らがどのようにキャプションを認知するのか、字幕のメリットが訴求する表現とは何か、それがどのような社会的な意味をもつのかは、より質的なアプローチで解明されなければならない。

横断タグ
テーマA「社会・科学」——社会の考え方、調査法、および科学の技法
4. 社会調査法：質問紙調査・量的調査、クロス集計、検定 5. 学問（科学）論：調査の実施
テーマB「福祉・障害」——福祉・障害学関連のトピックス
1. 障害論：聴覚障害、難聴 2. 社会福祉（高齢者含む）：高齢者福祉
テーマC「情報・メディア」——情報技術・メディア関連のトピックス
1. メディア論：メディアの必要性 2. 情報通信（テレビコマーシャル）：テレビコマーシャル、キャプションの量的拡大

注

（1）内閣府『平成23年版 高齢社会白書』印刷通販、2011年、2—4ページ
（2）詳しくは日本補聴器工業会のウェブサイト内「補聴器供給システムの在り方に関する研究　2年次報告書」（http://www.hochouki.com/academy/news/program/index.html）［2012年5月23日アクセス］を参照してほしい。

第4章 字幕は、何のためか?
―― 新しい表現技法としてのキャプション

柴田邦臣／歌川光一

はじめに――研究の背景と目的

　これまで字幕・キャプションは、聴覚障害者のためのものと思われてきた。第3章が明らかにしたのは、キャプションの有用性が聴覚障害者に限定されず、高齢者にも共通しうるという点だった。その意味で前章はキャプションに関する研究の視角を広げるものであり、その必要性を広く示すものだといえる。

　しかし、字幕への社会的な視角をねらうのであれば、その論点はユーザーの拡大――聴覚障害者から高齢者へ――という、いわば〈量的な拡大〉にとどまるものではない。キャプションが単純な文字放送と異なるのは、それが「字幕」として、実際のテレビプログラムと合わさって画面に表示されることではじめて機能するという点である。キャプションは音声情報をアシストして視聴者に情報を伝達するが、視聴者にとっては、キャプションも含めて一つの画面表現として理解される。つまりキャプションを表示した状態では、テレビ表現は、キャプションを含めてはじめて一つの「作品」となる。

　ここに、仮説Ⅱが成立する可能性が見いだされるのである。

仮説Ⅱ　キャプションは、表現を拡張する新しいテクノロジーになりえる

　これまで、キャプションを表現形態の一つと考えた研究は十分とはいえない。もちろんキャプションの表現に関する先行研究[1]はいくつもあるが、その多くは字幕単体の見やすさやスピードに関するものが中心であり、キャプションを映像表現の一部として捉え、しかもコマーシャルのなかで分析すると[2]

いう成果はほとんどない。

　一方、「キャプションを付ければいい」という時代は、まさに終わりつつある。情報保障としてキャプションを流していればいいのか、情報が伝わっていればいいのか、という点に、私たちは利用者の観点から再考する必要があるはずだ。つまり問われるのは、「映像表現としてのキャプション」である。

　だからこそ本章は、キャプションを論じる際に、コマーシャルをターゲットにしている。コマーシャルは「映像表現の王」とでも呼ぶべきもので、映像表現の粋の集積である。コマーシャルの目的は、商品購買行動、ブランドイメージの確立、企業イメージの向上であり、まさに映像表現としての総合力を問われていると言っても過言ではない。[3]

　その意味で本章と第3章とは、コインの両面のように表裏一体をなす研究である。前章がキャプションの量的な拡大を論証したのに対して、本章は「映像表現としてのキャプション」という別の角度から、メディアの新展開としての質的変容の可能性を射程に入れたものだといえる。それは具体的には、前章で判明した「字幕付きコマーシャルを求める層」に対して、どのような字幕付きコマーシャルが求められるのかを探る作業になるだろう。

1　調査の概要

　前述の目的を達成するために、筆者らは下記の2つの調査を実施した。まず、調査Ⅰは、2012年1月13日から4月27日まで花王の提供番組である『A-Studio』（TBSテレビ系列全国28局ネット）で、キャプションを付与して放送したテレビコマーシャルを用いて、聴覚障害者と一般対象者の双方を対象にした調査である。[4] 15歳から79歳までの全国の男女900人（①聴覚障害者：100人、②一般対象者：800人）を対象に、3月7日（水曜日）から3月19日（月曜日）まで、花王のハミングフレア、アタックNeo、ビオレスキンケア洗顔料、メリットシャンプーの4本のテレビコマーシャルの字幕付き／なしの2種類をローテーション提示し、質問に回答してもらうインターネット調査だった。[5]

　調査Ⅱは、調査Ⅰを受けるかたちで、「聞こえにくさ」の問題をかかえる難聴者や高齢世代へのインタビューとして実施された。

表1　調査Ⅱの概要

ID	聴覚障害の有無	性別	年齢	調査1対象／非対象
A	3級	女性	60代	非対象
B	6級	男性	30代	対象
C	2級	女性	20代	非対象
D	3級	男性	40代	非対象
E	4級	男性	30代	非対象
F	なし（最近耳が聞こえづらくなった自覚あり）	男性	70代	非対象
G	なし（最近耳が聞こえづらくなった自覚あり）	女性	70代	非対象
H	なし（最近耳が聞こえづらくなった自覚あり）	女性	70代	非対象
I	なし（最近耳が聞こえづらくなった自覚あり）	男性	70代	非対象
J	なし（最近耳が聞こえづらくなった自覚あり）	男性	60代	非対象

　前章が示したように、聴覚障害者のなかでも、ある程度の残存聴力がある難聴者と、最近、耳が遠くなったという自覚があると感じる高齢世代（60代以上）には、共通のニーズがありえる。調査Ⅱは、その層にアプローチすることでキャプションのユニバーサルデザインに対するニーズを「深く」「豊かに」掘り下げるために実施したものである。ここで述べる「深く」「豊かに」というのは、字幕を使用する人の障害の程度はもとより、調査Ⅰでのコマーシャルの受け止め方をより詳細に聞き、その要因や影響を探るという意味である。さらには、日常生活でのキャプションの利用法を探ったり、彼ら／彼女らのライフスタイル、家族関係、すなわち利用者の社会的背景まで視野に入れて分析することで、キャプションがより広範囲に、かつ表現としても使いやすいものになる、つまり量的にも質的にも新しいメディアとして展開される鍵となりうるのではないかという考えがあってのことである。

　したがって、インタビュー手法としては半構造化インタビューを基本としながらも、15分程度のデプスインタビュー形式を取り入れた手法を採用した。具体的には、インタビュイーに、アタックNeoとメリットシャンプーの2種類のコマーシャルについて、それぞれ字幕付き／なしのコマーシャルを視聴してもらったあと、①普段のテレビ／コマーシャル視聴状況、②字幕付き／なしのどちらがいいか、③アタックNeoとメリットシャンプーのどちらがいいか、について質問した。実施日は2012年5月11日、インタビュイーは表1のとおりである（このインタビューの分析は第5章を参照されたい）。

　本章では、コマーシャル表現として関与しそうな設問とコマーシャルごと

の比較をおこなった。コマーシャルはそもそも一つの「完成された表現作品」であり、そのなかから一部分だけを抽出して分析することは適切とはいえない。むしろキャプションを付けることで、「キャプションが付きやすいコマーシャル」と「付きにくいコマーシャル」というように、コマーシャルごとに差が出ていると予想されるため、その比較分析を手がかりとした。

調査Ⅰと調査Ⅱを組み合わせて、被験者にとって字幕付きコマーシャルが映像表現としてどのように理解されているかを探るとともに、それが購買行動といったコマーシャル本来の目的や、人間関係の形成といったより社会的な面にどのように影響を与えているかを本章で明らかにしていく。

2　コマーシャル表現とクローズドキャプション

キャプションへの期待と不満

まず、キャプションの表現的な問題について概観しておきたい。情報保障手段としてのキャプションの評価は高いが、「表現としてのキャプション」は、実はそれほど評価が高いものではない。インタビューのなかでも、繰り返しキャプション表現に対する不満が表明されていた。

> 役者が話しているのにいつまでもキャプションが出ていて、そのまんま、やっと消えたと思ったら次の台詞が出てくる。(A)
> 字幕付きコマーシャルは、見にくいと思う。(略)映像と重ならない工夫は必要だと思う。(E)
> 字があるとコマーシャルの商品がよく見えない。(H)

そのような不満の一方で、キャプションの存在そのものが、利用者の聴取行動に積極的な影響を与えている面も、インタビュー調査から見受けられた。

> 字幕によってテレビを見るかどうか決まる。(I)
> 字幕は大変助かっている。キャプションがないコマーシャルについては、字幕がなくてもなんとなくわかるが、あったほうがいい。(E)

また、キャプションが付くことによって、その商品に関心をもったり購入

を検討したりするという意見もみられた。

　　字幕があってわかりやすくなれば買いたいと思う。わからないものは買えなくなると思う。(B)

　このことはインタビューだけではなく、前章で報告している調査Ⅰの分析結果と矛盾しない。
　キャプションが商品の情報を伝達する保障手段として必要なのは疑いようもない。しかしその映像表現としては評価できるものではない、という傾向を、容易に見いだすことができる。それは、私たちのイメージとさほど遊離するものではないだろう。それではその傾向は、調査でも明確に見いだせるものなのだろうか。

「表現としてのキャプション」に対する評価

　そこで、再び調査Ⅰに戻って、「表現としてのキャプション」への評価の輪郭を明らかにしてみよう。調査Ⅰでは「表現としてのキャプション」を分析するために、それぞれの字幕付きコマーシャル、字幕なしコマーシャルのメリット・デメリットを問うた設問が用意されている。それを分析することで、なぜそのキャプションを評価したのか、ないしは評価しなかったのか、その要因を探ることができる。
　まず、調査Ⅰでは被験者に、4種類の字幕付きコマーシャルを比較させている。そこでコマーシャルの種類ごとに、字幕付きコマーシャルの好意度の絶対評価の平均を計算した。2のアタックNeoと3のメリットシャンプーが、60点を超える高得点を得ている（表2）。キャプションを付けることによる効果が現れたと期待できる。
　そこでさらに子細に分析すると、アタックNeoとメリットシャンプーは、インパクトの面では異なった結果が出ていた。ここでは、コマーシャルの種類ごとに字幕付きコマーシャルのインパクトの絶対評価の平均の差について、一元配置の分散分析をおこなった。コマーシャルの種類ごとの字幕付きコマーシャルの絶対評価の平均（表3、4）には、有意な差がみられた（$F=4.351$ $p<0.01$）。この結果を受けて、Turkey法による多重比較検定をおこなったところ、アタックNeoとビオレスキンケア洗顔料について、有意な差がみられた（平均の差8.33、$p<0.05$）。

表2 字幕付きコマーシャル a.好意度に関する平均値と標準偏差

	平均値	標準偏差
1 ハミングフレア	59.97	24.347
2 アタック Neo	62.77	25.957
3 ビオレスキンケア	59.52	25.82
4 メリット S プレミアムヘアケア	60.18	24.097

表3 字幕付きコマーシャル b.インパクトに関する平均値と標準偏差

	平均値	標準偏差
1 ハミングフレア	54.92	24.362
2 アタック Neo	57.34	26.965
3 ビオレスキンケア	49.01	25.143
4 メリット S プレミアムヘアケア	53.87	26.664

表4 分散分析表:字幕付きコマーシャル絶対評価、インパクト

要因	自由度	平方和	平方平均	F値	有意水準
インパクト	3	8676.78	2892.26	4.351	0.005**
誤差	895	594918.02	664.713		

** $p < 0.01$

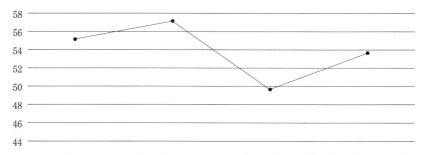

図1 字幕付きコマーシャルのインパクトに関する平均値の比較

これらは、キャプションを付けることによってそれぞれにコマーシャルに明確な差が生まれている可能性があること、特に視聴者に与える影響という点で、顕著な差があることを表している。より具体的には、アタックNeoは字幕を付けることによって、メリットシャンプーよりもインパクトが増す度合いが高いといえるだろう。

字幕付きコマーシャル同士の比較分析

　コマーシャルはキャプションを付けることで、アタックNeoのように評価されたり、逆にメリットシャンプーのようにあまり評価されなかったりしている。それぞれ、コマーシャルに字幕が付いたことによる変化を問うているため、両者の差は字幕がない状態での、コマーシャルそのものとしての差ではない。「字幕の付き方」「字幕が加わったときの映像表現」が、その差の源泉のはずである。

　そこで、アタックNeoとメリットシャンプーに注目しながら、それぞれのコマーシャルの字幕のどこが異なるのかについて、試験的な分析をおこなった。まず、それぞれのコマーシャルごとに、Q11「字幕付きコマーシャル選択理由」とのクロス集計を、両者を比較しておこなった。

　上記のクロス集計表を見ると、アタックNeoとメリットシャンプーとで比較した場合、印象（Q11—3）、説得力（Q11—4）、商品機能（Q11—8）、信

表5　字幕付きコマーシャル選択理由　度数分布表

字幕付きコマーシャル選択理由	応答数	%	ケースの%
内容に好感がもてるから	74	5.80	21.00
内容が理解しやすいから	275	21.50	77.90
印象に残りやすいから	157	12.30	44.50
説得力があるから	93	7.30	26.30
コメントが伝わりやすいから	214	16.70	60.60
ほかの人と同じ情報を受け取ることができるから	85	6.60	24.10
家族や友人と同じ内容を話題にできるから	65	5.10	18.40
商品の機能がわかりやすいから	133	10.40	37.70
商品に興味がもてるから	60	4.70	17.00
買い物をするときに商品を選びやすいから	68	5.30	19.30
信頼できるから	21	1.60	5.90
共感できるから	34	2.70	9.60
合計	1279	100.00	362.30

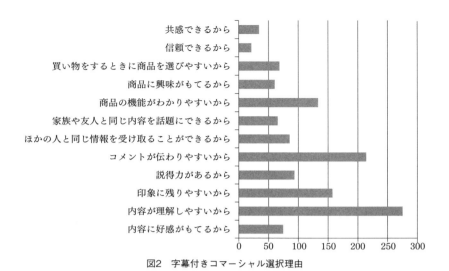

図2 字幕付きコマーシャル選択理由

表6 視聴コマーシャルと字幕付きコマーシャル選択理由

		内容に好感がもてる	内容が理解しやすいから	印象に残りやすいから	説得力があるから	コメントが伝わりやすいから	ほかの人と同じ情報を受け取ることができるから	家族や友人と同じ内容を話題にできるから	商品の機能がわかりやすいから	商品に興味がもてるから	買い物をするときに商品を選びやすいから	信頼できるから	共感できるから	合計
アタックNeo	度数	15	56	39	25	47	16	13	35	12	15	6	11	75
	行%	20	74.7	52	33.3	62.7	21.3	17.3	46.7	16	20	8	14.7	
メリットシャンプー	度数	20	77	43	23	60	22	13	37	13	18	5	12	102
	行%	19.6	75.5	42.2	22.5	58.8	21.6	12.7	36.3	12.7	17.6	4.9	11.8	
合計	度数	35	133	82	48	107	38	26	72	25	33	11	23	177

表7 字幕なしコマーシャル選択理由 度数分布表

字幕なし CM 選択理由 a	応答数	%	ケースの%
字幕が映像と重なって映像が見づらい	374	34.20	70.70
字幕が映像と重なって字幕が見づらい	149	13.60	28.20
字幕が音声と重なって理解しづらい	77	7.00	14.60
字幕と文字が気になって内容が理解しづらい	205	18.70	38.80
字幕が早くて読みにくい	38	3.50	7.20
字幕が小さくて読みにくい	7	0.60	1.30
字幕文字の字体（文字の形）が読みにくい	52	4.80	9.80
コマーシャルに字幕は必要ない	192	17.60	36.30
合計	1094	100.00	206.80

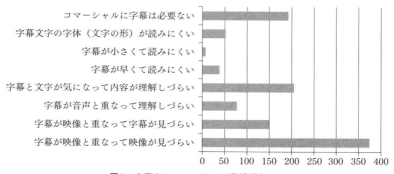

図3 字幕なしコマーシャル選択理由

頼（Q11—11）、共感（Q11—12）の点で、アタック Neo のほうが字幕として評価されているということができる。

一方で、Q13「字幕なしコマーシャル選択理由」を聞くと、また異なった傾向を見いだせる。

クロス集計表の結果からは、メリットシャンプーは、字幕を付けることによって字幕が早くて読みづらく（Q13—5）、文字の字体が読みにくい（Q13—7）傾向にあるということができる。また、メリットシャンプーは Q13—8字幕不要への回答率が高かった。字幕を付けることによる問題が多いということができるかもしれない。

このように、アタック Neo とメリットシャンプーは、双方とも好感度が高いにもかかわらず、好かれ方が異なっている。具体的に言えば、アタック Neo とメリットシャンプーは登場人物数が異なり、後者は会話が多いため、

表8　視聴コマーシャルと字幕なしコマーシャル選択理由

		字幕が映像と重なって映像が見づらい	字幕が映像と重なって字幕が見づらい	字幕が音声と重なって理解しづらい	字幕と文字が気になって内容が理解しづらい	字幕が早くて読みにくい	字幕が小さくて読みにくい	字幕文字の字体（文字の形）が読みにくい	コマーシャルに字幕は必要ない	合計
アタックNeo	度数	74	32	13	38	2	0	12	32	108
	行%	68.50	29.60	12.00	35.20	1.90	0.00	11.10	29.60	
		Q13-9（自由記述）　n=7									
メリットシャンプー	度数	92	42	27	57	20	2	18	56	136
	行%	67.60	30.90	19.90	41.90	14.70	1.50	13.20	41.20	
		Q13-9（自由記述）　n=13									
合計	度数	166	74	40	95	22	2	30	88	244

字幕の色分けや字幕スピードの上昇が起きていると思われる。しかし、それでも好感度が比較的高いことになる。

　以上から、字幕付きコマーシャルは、キャプションの付け方によって、受ける影響がずいぶん異なることが理解できるだろう。字幕を付けることによってインパクトが増すものもあれば、字幕を消すことによって逆にインパクトが増して見にくくなって、コマーシャルに悪影響がある可能性もある。つまり、字幕は「付ければいい」ものではない。視聴者は、キャプションとコマーシャル映像を別々にではなく、全体として見ているのであり、私たちはその字幕が付いた映像表現全体を把握し、影響を分析する必要がある。

3　分析——キャプションの影響とその原因

　ここまで、コマーシャルにキャプションを付けることによる、表現全体としてのメリット／デメリット、その影響を浮かび上がらせてきた。さらに内実に迫るためには、実際に字幕付きコマーシャルのユーザーだったり、そうでなくともその必要性があると考えられる方々に、字幕付きコマーシャルを批評してもらう必要があるだろう。本節では、調査Ⅱのインタビュー結果から、映像としての字幕付きコマーシャルの評価、そしてそれがもつ意味について検討する。

字幕付きコマーシャルの表現としての課題——〈重複問題〉

　インタビューでは、キャプションが画面を占めて重複してしまうことに関しての不満が多く聞かれた。

　　字のかぶりが見えにくいと思う。タレントさんの映像にかぶってしまうのがいや。好きなタレントなので。(G)

　特に顕著だったのは、テロップとの関係性である。

　　テロップが多いとキャプションがじゃまになる。(D)
　　テロップがあれば、字幕はいらないと思うんですけど。(A)
　　テロップが多いプログラムでは、キャプションが中央に付いてしまうのはもったいない。(C)

　テロップは画面の情報そのものを文字で説明する役割をもっているため、ナレーションや台詞を音声化するキャプションと重複することが多い。その際、キャプションは「じゃま」と判断されることがある。
　しかし、そのような場面でもキャプションを評価する声もある。

　　テロップは色などで感情に訴えやすい。キャプションは淡白、という気がする。テロップですべて伝われば商品の魅力が伝わりやすくいいと思

う。しかし、キャプションで補足されるのは、とても助かる。(B)
テロップと比べて、キャプションのほうがわかりやすい。はっきりと文字で出てくれるから、わかりやすい。(G)
「説得力がある」だけ、字幕のほうがいい。字幕ありだと、一生懸命、字幕を見てしまう。(H)

つまり、キャプションは単純に付いていればいいものではないし、その役割をすべてテロップが代替できるものでもない。テロップとキャプションが共存するような映像表現が求められているといえるだろう。

表現の「拡張」としてのキャプション──コミュニケーションの機会

しかしながら、ここで留意したいのは、キャプションという表現が保持している、コミュニケーション促進の側面である。コマーシャルは、購買者に「商品情報を伝える」ためにだけ存在しているのではない。むしろコマーシャルでの映像表現は、それによって印象を作り上げ、人々の話題にのぼるなどして影響を与えることで、購買行動や企業評価向上に結び付けるものといえる。

実際のところ、キャプションは、そのような「コミュニケーションの契機」として機能している。

> キャプションがあること自体が話題になりやすい。(略)周りの人に話したくなるし、耳の聞こえない友人にも話しやすい。(B)
> 字幕がないときは、親や兄弟に通訳してもらっていたが、みんな集中しているときはしてもらえないので、なんとなく見ていた。(E)
> 高齢の友人同士の話のなかでも、テレビの情報が会話に入ってくる。しかし、わからなくなると、そのような場には入らなくなる。キャプションがあれば仲間に入れる。(H)
> 人との話で、(字幕があると)コマーシャルの内容について話ができる。コミュニケーションが変わるきっかけになると思う。(E)
> いままで聞こえない人は、コマーシャルはキャプションはないと思っていたけど、普及すれば盛り上がると思う。(A)

逆に、キャプションを利用していない難聴の高齢層では、どうしてもテレ

ビのボリュームを上げてしまうことで、家族関係や近隣との関係でトラブルになっていると見受けられる例までもあった。

　　ボリュームを上げると、家内にうるさがられるので、別の部屋で見るようにする。(F)
　　家族からうるさいといわれることも多い。(I)

　古くはラザースフェルドらが指摘した「コミュニケーションの2段の流れ」[7]のように、そして近年でのSNSによる「クチコミマーケティング」のように、商品の購買行動、そして企業の社会的評価は、このようなコミュニケーションの場にあがるかどうかによって決まっている。その意味で、キャプションが果たす役割は大きい。キャプションの有無が、家族関係や人間関係にメリットを生みうることをふまえると、単なる情報保障だけではなく、より好印象を与えるようなコマーシャルを作成するための映像表現としてのキャプションの重要性を理解することができるだろう。

まとめ ── 表現の「拡張」としてのキャプション

　インタビューで、「聞こえる世界と行き来すると、すごく疲れる」(A)という意見を聞いた。キャプションはおそらく、そのようなコミュニケーションの場における共生のためのメディアとしての役割を果たしうる。
　しかしそれは、いわゆる最低限の「情報保障」をするべく、機械的に音声を文字化するというかたちでは果たされないだろう。同じくインタビューで述べられた、「映画の字幕のような雰囲気のあるキャプションがいい。デジタルっぽいキャプションは、かっこ悪い」(D)という意見がそれを象徴している。本章の結果、明らかになったのは、そのような「映像表現としてのキャプション」が求められる時代になってきたという点、まさに、仮説IIが成立しうる場である。
　そこで求められるのは、どのような「映像表現としてのキャプションが求められるのか」という点である。インタビューでは「キャプションの色の分け方に利用者にわかりやすいルールがない」(C)という意見もあった。また、本章では十分に述べられなかったが、「映像表現のエンハンスメント」

としてキャプションの可能性を追求するのであれば、聴覚障害者と高齢者の類似性だけでなく、より若い層へのはたらきかけを考えなければならない。映像表現という点では、若い層こそがオピニオンリーダーたりえるともいえる。若い層に対するキャプション理解の促進、そのための教育機会の提供はもちろんだが、彼ら／彼女らが満足し「クローズしたくなくなる」ようなキャプションが実現してはじめて、映像表現の拡張としてのキャプションが射程に入るということもできるだろう。まさに残された課題である。

　花王㈱のような企業が取り組んでいる字幕付きコマーシャルは、その新時代を切り開いているともいえる。その先見性を、私たちは高く評価し、さらに広げていかなければならない。いまだに日本では「キャプションは耳が聞こえない人のもの」という理解がはびこっている。しかし、コマーシャルでのキャプション分析からみえるものは、字幕の文化的・社会的な可能性である。字幕は、単なる情報保障にとどまらない。それを表現の一形態と捉えることで、聴覚障害の地平に新しい表現の可能性、文化的なインクルージョンをもたらす契機を見いだすことができる。本章の結論として、キャプションを、コマーシャルに革新をもたらしうるテクノロジーとして評価し、その普及と精緻化を図っていく必要があるといえるだろう。

横断タグ
テーマＡ「社会・科学」──社会の考え方、調査法、および科学の技法
4. 社会調査法：平均の比較、インタビュー調査・質的調査 5. 学問（科学）論：調査の実施
テーマＢ「福祉・障害」──福祉・障害学関連のトピックス
1. 障害論：聴覚障害、難聴 2. 社会福祉（高齢者含む）：高齢者福祉
テーマＣ「情報・メディア」──情報技術・メディア関連のトピックス
1. メディア論：メディアの可能性 2. 情報通信（テレビコマーシャル）：テレビコマーシャル、キャプションの質的深化

注

（１）井上滋樹／吉田仁美／阿由葉大生／歌川光一／神長澄江／柴田邦臣「テレビCMのクローズド・キャプションによる字幕の有効性に関する研究②──聴覚障害者と60歳代以上の共通ニーズ」第4回国際ユニヴァーサルデザイン会議2012 in 福岡、2012年

（２）Jensema, C.J., Burch, R., *Caption and Viewer Comprehention of Television*

Programs, Final Report for Federal Award Number H180G60013, Office of Special Education and Rehabilitative Services, 1999.
（３）そのため、コマーシャルのユニバーサルデザインに積極的に取り組む花王は、きわめて先進的な着眼点をもっていると評価できるだろう。
（４）前掲「テレビCMのクローズド・キャプションによる字幕の有効性に関する研究②」
（５）同論文
（６）聴覚・聴力は人にとってまことに多様である。本章では障害者手帳3・4・6級に該当する人という基準で、難聴の方をインフォーマントとし、インタビュー冒頭でその方の「聞こえ」の状態を確認した後にインタビューをおこなった。
（７）E. Kats and P. F. Lazarsfeld, "Personal Influence," Free Press, 1955.

■コラム2■「キャプション研究」の社会調査　　阿由葉大生／柴田邦臣
　　　　　——分析手法とそのねらい

　社会的な課題を理解して解決策を検討するためには、その事実について調査しなければならない。その場合、本書のように、社会調査の技法を用いることになるだろう。社会調査の技法は科学的に精緻化されているが、それを実際に応用するための留意点も存在している。いわば調査法は、本研究のような挑戦的な「冒険」を科学的に実施していくために、最も重要なツールだといえる。そこでここでは、本研究で活用した調査法を説明しながら、それを素材に「キャプション研究」という特徴的な領域での社会調査についてまとめてみよう。なお、調査結果そのものは、本書末尾の単純集計論文で詳述しているので、参考にしてほしい。

調査Ⅰ＝量的な調査法

　さて、私たちが映像上の文字表現としての「字幕」に注目した際に、検討するべき論点——つまり本研究の仮説——が2つ浮上したことは第1章で述べた。1つは、「字幕の潜在的ユーザーとその影響力は、広範囲に拡大している可能性がある」というものであり、もう1つは、「字幕という表現技法は、従来想定されている以上に、コミュニケーションの形態を変えつつある」という仮説である。

　仮説Ⅰを確かめるためには、ユーザーや影響力の数値的な把握が不可欠である。そのための調査方法は一般に「量的な調査法」と呼ばれる。いわゆる「調査票」に回答してもらった結果を数値的に分析するというもので、本研究では調査Ⅰにあたる。調査Ⅰは巻末「単純集計論文」にあるように、900サンプルという規模を誇るものになっているが、このような量的調査にとって重要なのは、サンプルサイズではなく、その代表性である。つまり社会調査では、単に手元にあるデータを分析するだけでなく、その背後にある未知の全体について推計することが大切なのである。

　本書の場合では、調査に協力してもらった900人の被験者のデータか

ら、聴覚障害や年齢全般について考察しようとしている。一般に、こうしたある限られたデータを標本（サンプル）、その標本から統計的な分析を実施して推計しようとしている全体を母集団、母集団から標本を取り出すことを抽出と呼ぶ。本書の調査Ⅰでは、各年齢層と性別が均等になるように、年齢と性別ごとにランダムサンプリングという手法で標本を抽出している。

さて、本書で用いる分析手法は主に2つ、「クロス集計」と「平均の比較」である。前者は2つの質的変数同士の関係を分析する手法であるのに対して、後者は質的変数と量的変数の関係を分析する手法である。質的変数とは、性別（「女」=0、「男」=1）や満足度（「満足=1、どちらともいえない=2、不満=3」）など、便宜的に内容や順序を区別するために与えられる変数である。

まずクロス集計について、「喫煙の有無」（喫煙・非喫煙）と「性別」（女性・男性）という2つの質的変数を例にとってみよう。喫煙の有無を尋ねる質問項目を表の先頭行に、性別を尋ねる質問項目を表の先頭列に記入する。次に、それぞれのカテゴリーが交わる欄に、該当する回答数や回答比率を記入していく。するとクロス表（表1）が得られる。このように、2つの質問項目の回答をクロスさせるところから、「クロス集計表」と呼ばれている。

集計の結果、仮に表1のような結果が得られたと仮定する。この結果は完全に架空のものだが、女性のなかでは、非喫煙者は60人（75.0%）であるのに対して、喫煙者は20人（25.0%）である。また、男性のなかでの非喫煙者が5人（12.5%）であるのに対して、喫煙者は35人（87.5%）である。この場合、男性では喫煙者の割合が高く、女性では低くなっているようだ。

では、性別と喫煙の有無との関係は単なる偶然でないと言い切れるのだろうか。この例では、120人の男女を抽出して調査しているが、この120人が偶然そういう人たちだったとはいえないだろうか。こうした偶然が起こる確率は「有意確率」と呼ばれ、クロス集計表の場合「独立性のχ^2乗検定（カイ2乗検定）」という手法で求められる。社会調査分野では通常、有意確率が0.05以下であれば有意であると見なされる。今回の例では、χ^2検定の結果、有意確率は0.01＜0.05となっていて、性別と喫煙の有無との間には有意な関係がある（偶然ではない）といえる。

表1　喫煙の有無

			回答a「非喫煙」	回答b「喫煙」	合計
性別	回答2「女性」	度数（人数）	60	20	80
		行%	75.0	25.0	
		期待値	43.3	36.7	
		偏差	15	−25	
	回答1「男性」	度数（人数）	5	35	40
		行%	12.5	87.5	
		期待値	21.7	18.3	
		偏差	−15	15	
合計			65	55	120

　またここで、性別と喫煙の有無との間に関係がないという「帰無仮説」を立ててみよう。その場合、性別にかかわらず、非喫煙者と喫煙者の割合は54.2%と45.8%になっているはずであり、喫煙の有無にかかわらず男女比は、33.3%と66.7%になっているはずである。この帰無仮説に基づけば、男性の非喫煙者は21.7人、喫煙者は18.3人、女性の非喫煙者は43.3人、喫煙者は36.7人いる「はず」だという期待値が求められる。
　しかし実際に観測した結果では、いる「はず」よりも多くの男性の喫煙者と、女性の非喫煙者がいることがわかった。このような場合、性別という独立変数（要因）によって、喫煙の有無という従属変数（結果）が変わっていると考えられ、「帰無仮説」は成り立たず、両者の間には関係があるといえるだろう。なお、先ほどの「有意確率」とは、偶然に基づく帰無仮説が成立する可能性であるともいえる。
　次に、本書で用いるもう一つの分析手法、「平均の比較」は質的変数と量的変数の分析である。量的変数とは、身長や気温、収入など何らかの尺度で観測された値のことであり、そのため足し算／引き算や掛け算／割り算をすることができる。例えば、年齢25歳と42歳の差は、引き算によって17歳と求めることができ、気温摂氏15度と30度の差も引き算によって15度と求めることができる。金額については、3,000円は1,500円のちょうど倍である。このように、実際に観測によって得られた数値が量的尺度である。
　平均の比較は、質的変数によって分けられたいくつかの群の平均値を求め、そこに差があるかどうかを確かめる手法である。例えば、A、B、C、Dという4つの中学ごとに、統一英語テストの点数を比較する場合

を考えたい。ここでは、「中学校」という質的変数と「点数」という量的変数の分析をおこなうことによって、英語の授業とテストの点数との関連について考察したいと仮定する。

　分析の結果、以下のような表2が得られたとしよう。A中学校の平均点は56.0点、B中学校は55.0点、C中学校は54.0点、D中学校は45.0点だった。一見すると、A、B、C中学校に比べて、D中学校の点数は低い。D中学校の英語の授業のやり方には改善が必要なようだ。だが、そのように言い切れるのかどうかについても、偶然の問題がある。つまり、たまたまD中学校の人が今回うまくいかなかっただけで、今回の平均点の差を英語の教授法とテストの点数一般に敷衍することはできないかもしれない。そこで、今回の分析では、Turkeyの多重比較という検定方法によって、平均点の差が偶然である確率＝有意確率を求めている。

　まず、表2のA中学校に着目して、Turkeyの多重比較という項目をみる。これによると、A中学校の平均点とB、C中学校の平均点の差の有意確率は、それぞれ0.90と0.40（＞5％）であり、有意差があるとはいえない。だが、D中学校との差は有意確率0.01（＜0.05）であり、有意な差が認められる。

　次にB中学校の平均点についてA、C中学校の平均点を比較する。A中学校（0.90＞0.05）、C中学校（0.80＞0.05）の平均点と間には有意差ないが、D中学校とは有意確率0.02で有意な差が認められる。同様に、C中学校とA、B中学校との間には有意差がないが、D中学校（0.02＜0.04）との間には有意な差がある。

　さらに、C中学校に着目すると、A中学校（0.40＞0.05）、B中学校（0.80＞0.05）の平均点との間には有意差はないが、D中学校との間には、有意な平均点の差がある（0.04）ことがわかる。

　最後に、D中学校に着目すると、A中学校（0.01＜0.05）、B中学校（0.02＜0.05）、C中学校（0.04＜0.05）との間に有意な差がある。以上から、A中学校とD中学校、B中学校とD中学校、C中学校とD中学校の間には、偶然ではなく有意な英語の平均点の差があるといえる。

　以上のような分析は、大量の調査データを処理することができる専用のソフトウェアを用いている。これらのソフトを使えば煩雑な計算をパソコン上で手軽におこなうことができる。本書の社会統計分析ではすべ

表2 中学校ごとの平均点の比較

学校名		平均点	Turkeyの多重比較		N
学校	A	56	B	0.90	120
			C	0.40	
			D	0.01**	
	B	55	A	0.90	140
			C	0.80	
			D	0.02*	
	C	54	A	0.40	100
			B	0.80	
			D	0.04*	
	D	45	A	0.01**	150
			B	0.02*	
			C	0.04*	
合計		52.5			510

* $p < 0.05$
** $p < 0.01$

て、社会調査分野で最もよく用いられているSPSSによっておこなわれている。統計ソフトにはそのほかにSASやJMP、またフリー・ソフトウェアのRと呼ばれるソフトウェアもよく用いられている。

調査Ⅱ＝量的な調査法

量的調査によって検討された仮説Ⅰに対して、2番目の「字幕という表現技法は、従来想定されている以上に、コミュニケーションの形態を変えつつある」という仮説Ⅱは、単純な質問紙による調査だけでは解明できないと思われるだろう。そもそも表現をどう受け止めるかは個人的な差が大きいだろうし、コミュニケーションのかたちも多種多様であり、その実態を数的に把握するためには膨大な作業が予想されるからである。

数値化が困難であるなどの特性のため、量的な調査に不向きな課題があった場合は、質的な調査に頼らざるをえない。本研究の仮説Ⅱがまさにそうで、そのために調査Ⅱ（デプスインタビュー）が企画・実施された。

質的調査と一口に言っても、その方法はいくつもある。大きく分ける

と「インタビュー法」のように、知りたい対象つまり情報をもっている人から聞き取りをおこなうものと、聞き取らずにその様子を見ることで知ろうとする観察・フィールドワーク的技法の2つに整理するのが一般的だろう。詳しくはウヴェ・フリック『質的研究入門』[1]などを参考にしてほしい。

しかしながら、質的調査で重要なのは、情報をもっているインフォーマントから知りたいことをどのようにして得るか、ではない。質的調査における技法は、情報を得ようする調査者、つまり私たちの立ち位置によって決まってくるのである。

例えば調査Ⅱは、半構造化インタビューという手法が選ばれている。このインタビューは、事前に聞きたい質問を構造化し、それに従いながらも設定されたテーマに沿って聞き出す手法である。一方、インフォーマントがもつ社会的事実を「あるがまま」に聞き出すというナラティブアプローチという方法は、障害者福祉領域での社会調査でも用いられることが多い手法である。

さらには、実際に現場におもむいて、そこで関わって調査するフィールドワークをする研究者も多い。それらの手法には「参与観察」「エスノグラフィー」といったものがある。

このように、各種ある調査のなかで、本調査の場合は、量的な調査と質的な調査のうち「半構造化インタビュー」を採用した。その選択は、2つの仮説（キャプションの量的拡大と質的深化）を立証するねらいに合致しているかどうかによって決まってくる。仮説の立証は、理由に基づいて、適切な調査手法を選択することによってしか果たされない。

横断タグ
テーマA「社会・科学」──社会の考え方、調査法、および科学の技法
4.社会調査法：質問紙調査・量的調査、サンプル、クロス集計、平均の比較、検定、インタビュー調査・質的調査
テーマB「福祉・障害」──福祉・障害学関連のトピックス
なし
テーマC「情報・メディア」──情報技術・メディア関連のトピックス
1.メディア論：メディアの調査法

注

（1）ウヴェ・フリック『質的研究入門──〈人間の科学〉のための方法

論』小田博志監訳、小田博志／山本則子／春日常／宮地尚子訳、春秋社、2011年

第3部　字幕・キャプションの未来
──考察と結論

前章までで得られた調査野分析結果から、私たちは「字幕」を、そしてそれを活用したメディア表現やコミュニケーションを、どのように考えればいいのだろうか。その具体的な考察を展開しているのが第3部である。実際のところ「キャプション付きの映像を見る」という行為は、以下の3つの論点に分けて考えられるだろう。

　まず、キャプションが付いた「テレビ・メディア」という論点である。特にテレビというメディアはほかと比べて、「家族」性が強い。新聞やネットと異なり、「家族で見る」という独特な利用法がなされるメディアであり、そのコミュニケーションを促す特徴をもっている。第5章ではそのような、「家族のメディア」としての字幕テレビを論じている。一方で、キャプションにしてもテレビというメディアについても、それが一つのテクノロジーであることに変わりはない。そのような情報技術としての論点を浮かび上がらせているのが第6章である。

　それでも、キャプションというメディアが、第一に難聴・聴覚障害の人にとって貴重である事実は変わらない。むしろキャプションというメディアが利用者個人にもたらす影響こそが、「字幕を映像に重ねる」表現の意義を知らしめてくれる。第7章では、徹底的に当事者にこだわり、そのアイデンティティーの観点から、字幕というメディア表現の価値を示している。

　これらの考察を受けた結論が第8章と第9章だが、その内容は少し予想外のものになっているかもしれない。本書の結論は2つ用意されている。その理由は、本書の目的が2つあるからである。第8章は、調査と考察を進めた結果を整理し、キャプションの必要性と可能性を結論づけるものとなっている。通常の意味での結論を担当する章である。それに続く第9章は、これまでの全体の議論を受けながら、キャプションを利用する私たちが、きたる字幕メディアの新展開に向かい合うための提言として書いた。それは、これまで十分注目されてこなかった「字幕」が、実は私たちすべての問題であるという点に、新しい光を当てるものだといえる。「キャプション」が、私たちがともに生きるためのメディアとして役に立つのであれば、そのための研究は考察を踏み出して、一つの提言として結実するべきだろう。そこまで達成してやっと、「字幕」をめぐる冒険は一つの結論を得ることができるのである。

（柴田邦臣）

第5章 〈近頃聞こえにくい〉高齢者と家族のテレビ視聴
——字幕・キャプションと「リビングルームの平和」

歌川光一

はじめに

　本章では、第3章で指摘している難聴をめぐる高齢者の問題と、第4章の字幕の可能性について、〈近頃聞こえにくい〉高齢者へのテレビ視聴とキャプションに関するインタビューを題材に論じてみたい。

　さて、本論に入る前に、多様なメディアが存在する今日において、難聴をめぐる高齢者のアイデンティティーを考えるうえで、「テレビ」視聴を題材とする背景についてふれておきたい。ここで「テレビ」視聴を題材として選ぶのは、単に、高齢者がほかの世代に比べてテレビ視聴に費やす時間が長い[1]、という理由によるものではない。本章で明らかになっていくように、「家族」という親密な他者とともに視聴する場合が多い「テレビ」という存在が、「自身が完全に難聴だとは思わないが、ただ〈近頃聞こえにくい〉だけ」と考える高齢者のアイデンティティーに葛藤をもたらしやすく、メディア情報への「配慮」、そしてそのアクセシビリティーに対する示唆を得ることに適しているためである。

　メディア視聴を通じた「情報保障」という発想に立つとき、情報弱者である一個人が情報を取得できるようにすること、そして、その集合として、できるだけ多くの情報弱者の情報取得が可能になることがめざされる。しかし、その「個人」の隣にまた別の個人がいるとなれば、状況は一変する。〈私〉だけではなく、隣にいる〈この人〉も快適に視聴できること、そして〈私〉も〈この人〉もお互いに情報を共有できている、と双方が認識できることが望まれるようになる。このような瞬間に、「情報保障」と同時に、メディア情報の「配慮」と「アクセシビリティー」が課題となって浮かび上がる。

とりわけテレビ視聴は、上記の状況を惹起しやすいメディアである⁽²⁾。古くはデヴィッド・モーリーが、一連の研究で、視聴の文脈としての「家庭」の存在に着目し、個々人が好む番組と、家庭での実際の番組選択が異なっているといった家族間の相互作用や、テレビ自体がコミュニケーションを促進させる「環境的リソース」として機能しているといった社会的使用法、ジェンダーによる家族内の力関係などを明らかにしている⁽³⁾。日本でも、2000年代以降も、経験的に、テレビは「自分の家で見る」ことが多いことが指摘されている⁽⁴⁾。小林直毅らがまとめるように、「「テレビを見る」ことの過程はドメスティックであり、家庭の多様的な空間と時間をコンテクストとして繰り広げられ、そこで番組を見／読むことによって織り成されていくテレビテクストの多様性によって一応の完了をみる」⁽⁵⁾。

　本章でみるのは、テレビ視聴が置かれやすい、この「家庭」という環境のなかで、〈近頃聞こえにくい〉高齢者が、どのように「音量」をめぐる問題に遭遇し、どのような葛藤を覚え、そしてキャプションと、字幕付きコマーシャルにどのような感想を抱くか、という点である。

　以下、「キャプションあり／なし」コマーシャルに対する感想に関する高齢者FさんからJさんまでの5人へのインタビューの記録から⁽⁶⁾、①普段、家庭のなかでどのようにテレビ視聴をおこなっているか、②「近頃聞こえにくい」ことに対する自己認識、③字幕付きコマーシャルをどのように思うか、といった点を検討していく。これらを通じて、メディア情報でのアクセシビリティーの必要性と可能性について考えてみたい⁽⁷⁾。

1　〈近頃聞こえにくい〉高齢者のテレビ視聴

　ここではまず、第4章の調査ⅡのFさんからJさんのプロフィール（インタビュー当時）と、普段の家庭でのテレビ視聴状況を確認してみよう。

　Fさんは、80歳の男性で、月3回から5回、顧問として会社勤めをしている。毎日平均5時間程度のテレビ視聴をする。近頃「かなり聞こえにくい」と感じているが、補聴機器を使用せずに聞いている。

　Gさんは62歳の女性で、主婦勤めをしている。テレビ視聴は毎日平均6、7時間。Fさんと同じく、補聴機器を使用していない。Gさんが耳に違和感を覚え始めたのは2、3年前で、現在は、そのことに若干の不安も抱いてい

る。

　　G:こうやってしゃべってれば聞こえないってことはないんですけど。あの、電話だとね、聞こえないこともあるんですよね。だからあたしいがい、「えぇ?」って聞き返しちゃうの。

　FさんとGさんは夫婦で、関東近辺郊外の一軒家で2人住まいである。
　夫のFさんは、左耳がまったく聞こえず、「(医者に) いろいろやってもらったんだけどだめ」、「補聴器着けてもだめ」という状態である。テレビは、スポーツ（ゴルフ中継など）を好んで視聴するが、その際は、聞こえる右耳に合わせて、テレビを右側に置くようにしている。FG夫妻宅にはリビングと和室にテレビが計2台あり、Fさんは自分用のテレビの音量を上げて視聴するが、「家内のほう（のテレビ）まで響くのも気の毒だから」、イヤホンを右耳に着けて聞くようにしている。ただし、ドラマなどを夫婦で視聴する場合は、GさんがFさんに合わせて音量を大きくする。夫婦そろってテレビを視聴する際は、その内容に対する会話になることがあるが、「長いこと、夫婦をやって、あうんの呼吸があり」、全部が通じなくても「聞こえたようなふりをするというときもある」という。
　妻のGさんは、朝5時に起床し、ニュース、情報番組、昼のバラエティー番組、夕方の時代劇の再放送を、家事の合間に視聴する。聞きづらいときは、音量を上げて視聴しているという。ただし、夫が別にテレビ視聴している際は、音量は上げすぎないように配慮している。

　Hさんは70歳の女性で、テレビ視聴は毎日平均6、7時間。近頃「やや聞こえにくい」と感じているが、補聴機器を使用せずに聞いている。不動産業を営んでいて、長男とマンションに同居しているが、同じマンションに共働きの娘夫婦が住んでいて、その子ども、すなわち孫（8歳）と昼間に過ごすことがある。
　Hさんが耳に違和感を覚え始めたのは、2、3年前である。「お茶飲んだりしながらお友達とお話しするときに、自分でもおかしくらい聞き直している」と感じたという。また、テレビについても以下のように語る。

　　H:テレビなんかだと、すぐ（音量を）大きくしてしまうから、もう自

分が（耳が）遠いってのがわかってるんで。だから、子どものテレビ見てると、ぜんぜん聞こえない。

　Hさんは普段、朝のニュースや夜のドラマなどを好んで視聴するが、昼間は孫にテレビを占領されることも多い。家族とともに視聴する際、同居している長男は音量を上げてくれるが、娘夫婦や孫と視聴する際は、両者が聞こえやすい「中間」の音量にするため、Hさんには聞こえないときもあるという。

　Iさんは、71歳の男性で、テレビ視聴は毎日平均6時間。最近「やや聞こえにくい」と感じ、補聴機器を使用して聞くようにしている。シルバーセンターでゴミ出しや清掃などをおこなっていて、妻、娘夫婦、孫2人と、計6人で同居している。Iさんが聴力に問題を感じたのは3年ほど前である。

　　I：テレビ見てたら急になんか音がね、小さくなっちゃって。飯食べてて、何か音が小さいんでちょっとボリューム上げてったら、周りの者が「うるせぇ!!」って（言って）。あの、すぐ病院行って診てもらったんですけど、やっぱり、（難聴が）かなり進んでたみたいです。

　Iさんは、補聴器をもっているが、テレビ視聴の際にはほとんど使用していない。妻との寝室に1台、リビングルームに1台の計2台のテレビがあり、妻とテレビを視聴する機会も多い。65歳になる妻も耳が遠くなり始め、ときおりIさんの補聴器を借りてテレビを視聴する。補聴器はIさんが保有するもの1台のため、夫婦でテレビを視聴する際は、Iさんが補聴器を着けずに前方で、妻は補聴器を着けて1、2メートル下がって視聴するのが、ちょうどいいそうである。

　Jさんは65歳の男性で、テレビ視聴は毎日平均3時間。近頃「やや聞こえにくい」と感じているが、補聴機器を使用せずに聞いている。大学の非常勤講師をしながら、妻と娘と同居している。
　Jさんは、Iさんと同じく、2年ほど前にテレビの音量の大きさをきっかけに聴力の件を家族に指摘された。テレビは、朝夕のニュースを中心に「ながら」視聴をすることが多く、1人で見ているときは不自由を感じていない。

FG夫妻、Iさんは、夫婦そろって高齢であり、ともに聴力が低下し始めているため、別々にテレビ視聴する場合は、互いへの配慮から音量を落としていることがうかがえる。また、Hさんも、娘家族とのテレビ視聴に際して「中間」の音量を選択するので、結果としては十分聞き取れていない。

2　気になる家族の存在──「リビングルームの冷戦」

　今回のインタビューが遭遇したのは老齢化に伴う聴力の低下であり、そもそもテレビの音量の大きさが聴力の異変に気づくきっかけだったため、テレビ視聴に際しては家族の反応を気にしている。
　Fさんは、既述のように、妻のGさんに配慮してイヤホンを使用している。また、近所に対しては、「みんな一戸建て」なので、音量が大きくてもクレームがくるところはないと認識している。
　また、Fさんは、妻であるGさんの聴力に対して「私よりはいい」と感じている。一方Gさんも自分のほうが聴力がいいと感じていて、Fさんとテレビ視聴する際は音量を上げるという。しかし、Gさんは、Fさんとテレビを見るときに、音量の大きさのために「ちょっと（頭が）ガンガンしてくるときがある」と述べる。
　さらに、Gさんは、近所からの目も気になっている。

　　G：ここ3年はね、道路通ってもみんな必ずわかるって。時代物見たり、大きい声がするから。なんとかだ、って子どもが、（どこかの）孫さんがね、言ってるらしいですよ。

　このように、近所の反応に対しては、夫婦間で認識に差がある。
　Hさんは、聴力の件を家族から直接的に指摘されてはいないが、「お母さん、ちょっと音が大きいんじゃない？って、言われますと、やっぱりあーそうか、自分が（耳が）遠いのかなーっていうふうに」感じると述べる。また、長男や娘夫婦をテレビを視聴する際の自分に対して、「みんなで見てるとき私は遠慮がち」と感じている。
　Iさんも、耳の不調に気づいた原因がテレビだったため、現在でも、「周りの者には迷惑かけないように」「うるせぇのどうのこうのって言われない

ように」、迷惑かからない程度に少し音量を大きめにするという。

　Jさんも、1人で見ているときは不自由を感じていないが、わずかな音量の数値をめぐって家族との交渉がおこなわれている。

　　J：いまほらもう、あのー、音量はさ、デジタル、数字でしょ。画面にこう、出てくるでしょ。で、（自分に合うのは）いつも12なんですよ。するとー、どうも、娘や女房はだいたい10とか9くらいで（いいらしいです）。
　　質問者：なるほど、その数字を見て、指摘を受けるんですか？
　　J：そうそうそう、あのねーえーいや、だからいつの間にか低くなってるなーと（思うと）、うちの女房か娘がやってるわけ。でー、1つ2つ上げるわけですけど。それから、自分の部屋で見ているときに、たまに娘が、「お父さんちょっとテレビ大きい」と言ってくる、と。

　また、テレビの音量をめぐって想起するのは、インタビューイが現在同居している家族だけではない。Hさんは、以前に同居していた父母のことも想起する。

　　H：おばあちゃん、こっちまで聞こえるからやめてよって、なんか言ったことありますもんね。そういう意味では、それはいまでは私に少しずつかかってきてるのかなと、はい。

　　H：よくおばあちゃんたち、（家族と）同じもの見てても居眠りしてたりしてましたよね。聞こえないっていうのもあると思う。意味がわからないからこっくりこっくりして、団欒のなかにいても、黙って居眠りしてた記憶があります。

これに関しては、Jさんも同様である。

　　J：去年親父が死んだんですけども。親父が、テレビの音がやっぱり大きすぎるよ、とおふくろが言ってると（ぼやいていた）。だから同じことを娘やら女房に言われるようになったなってことですよ。

Jさんは、亡くなった父親とともに、その隣に住んでいた高齢者のテレビの音量が大きかった思い出を付け加えた。

3 字幕・キャプション付きコマーシャルへの期待?

それでは、自身の「聞こえにくさ」を認識し、家族や近隣の目が気になっているインタビュイーたちは、キャプション付きコマーシャルをどのように感じたのだろうか。

Fさんは、キャプション付きコマーシャルに対して、技術的な点から好意的に感じている。

> F：いまはだんだん、だんだん早口。われわれから言うと、早いですね、しゃべり方が、っていうのはありますよね。(略)気がついたときは次の画面に行っている。

> F：(聞こえない状態で字幕がないと、)テレビつけておいったって意味がないですもんね。見なくなっちゃいますよね。聞こえないっていうのは見えないと同じなんですよね。

しかし、GさんからJさんまでは、自身にはキャプション付きコマーシャルの必要性を感じてはいない。

> 質問者：もしその、このいまのクローズドキャプションが、どんどん広がってくると、何かご自身の生活に影響ありますかね？
> G：そんなのない、出れば見ますし。(略)耳の遠くなってる高齢の方とかには、いいんですかね。

Gさんは、キャプション付きコマーシャルが増えればFさんとの会話が増える、という状況は想定していない。

HさんからJさんまでは、キャプション付きコマーシャルは、将来的にさらに聴力が落ちた際には便利だ、というスタンスである。

質問者：コマーシャルに、字幕が出るとしたらですね、使いたいというふうに思いますか？
H：自分がもしそうなったら？　それは使いたいと思います。
質問者：それはいま使いたいと思いますか？
H：いまは……あまり感じないですけども（略）確かに字幕が見えていることがいまのところはじゃまにみえるけど、でもそれがあったからどうのってことは思わないですけどねぇ、はい。

質問者：コマーシャルを2つ見ていただいて、ご自身にはキャプションはなくてもいいのかなって気がしたんですけど。逆に、あったらじゃまな感じはしますか？
H：あまりそれは思わないですね、ただ読まないだけで。

　Hさんは、インタビューの途中で、町内の障害者や車いす生活を経験した親のエピソードを紹介し、「健康な人が少しでもね、役に立てるのかなーとか、そういうことは思う」、そして、自身は「（障害者とは）ちょっと、一線が引かれて」いる、と述べる。
　Iさんもすでに補聴器を保有しているが、「完全に耳が聞こえない状況ではない」という認識が強い。

質問者：いま普通のコマーシャルとかにもこのクローズドキャプションを付けてはどうかということで少し進んでいるんですけども、もしこういうことが実現したらどうですかね？　どういうときに使ってみたいですか？
I：僕は完全に耳がもう聞こえなくなったら、使おうかなーっていうぐらいですね。

　Iさんは、キャプション付きコマーシャルを作成する企業に対して「やっぱし、企業も考えているなあー」「それだけ売りたいのかな」と言って笑顔をみせ、基本的には、「障害者なんかは、ろう者なんかは、これがなければ何を言ってんだかわかんないでしょ」と述べる。しかし、自身を、キャプション付きコマーシャルの利用想定者とは認識しておらず、質問者が「（キャプション付きコマーシャルというのは、）特に耳が悪くなった方とかに、企業

が、聞かせたい、見せたいのかなあというふうには思いますか？」と質問すると、数秒間考え込み、「やっぱり、企業が頑張っているのかな」と繰り返した。

　Jさんは、普段通う居酒屋のテレビ番組に字幕が付いているため、インタビュイーのなかで唯一、字幕についての知識があった。しかし、Jさんも、インタビューを開始して開口一番に以下のように述べた。

　　J：ちょっと余計なことだけど、いま、字幕、出てたでしょ？　あれは完全に、聴覚障害をもった方のためのもの、だというふうに思っちゃうわけですよ。だから、読もうとしない。字を。私のものじゃないと。

　このように、「近頃聞こえにくい」と感じ、家族の目も気にしている高齢者であっても、障害者やろう者ではない、という認識から、「字幕を付ける企業は評価する」が、「字幕付きであっても目に入れようと思わない」という認識が生じている。

おわりに

　さて、ここまで、5人という少人数ではあるが、〈近頃聞こえにくい〉高齢者のテレビ視聴状況、自己認識、キャプション付きコマーシャルへの感想をみてきた。

　今回の調査を通じてまず明らかになっているのが、テレビ視聴に際して、その内容（チャンネル）ではなく、「音量」をめぐって生じている「リビングルームの冷戦」の存在である。これは、家族にとって、その成員の聴力低下を契機にはじめて顕在化する問題であり、成員に少なからず居心地の悪さを生じさせる。

　そして、高齢者自身も家族の目が気になり、配慮し、結果としてテレビの音を十分聞き取れていなかったり、場合によっては「聞こえたふり」もしている。さらに、インタビューを通じて、若かりしころに家族に向かってテレビの音量の大きさを注意した自身の姿に思い至り、若干の悲哀を感じたりもするのである。

　ところが、興味深いことに、キャプション付きコマーシャルを見る認識は

「高齢化」していない。自身は障害者やろう者ではない、という健常者としてのアイデンティティーが先行し、字幕に目がいかない自身の姿に気づくことになる。Ｉさんのように、インタビュー中にやや動揺を見せるインタビュイーもいたが、聴力が落ちたことを自覚した高齢者であっても、「完全に聞こえなくなるまでは、視覚に頼らない」という声まで聞かれた。インタビュイーは、インタビュー中に「家族に迷惑をかけている」という認識と健常者としてのアイデンティティーに折り合いがついていない自身の状態に気づきながらも、その媒介として、キャプション付きコマーシャルを積極的に位置づけようとはしなかった。

　この状況をみれば、一見、キャプション付きコマーシャル利用の望みは薄いようにもみえる。しかし、今回のインタビュイーにとっても、実際は、「リビングルームの冷戦」自体の解決策は見いだされておらず、ときには我慢を伴うような試行錯誤のうえで、テレビ視聴をしている。

　一般に高齢者のテレビ理解に際しては、新技術に対する知識の不足（CGを現実と間違う、再現映像がわからない）、音と映像の同時処理ができない、といった混乱が生じると言われている。今回のインタビュイーにとっても、キャプションつきCMは、その存在自体が奇異であり、自然と目に入るものとはなっていなかった可能性も考えられる。

　今後の課題となってくるのは、キャプション付きコマーシャルの表現の多様化だろう。今回、キャプション付きコマーシャルの字幕が、発話やナレーションがすべてベタ付けされたものであることで、高齢者にとっては、自身に関係がないサービスと見なされる傾向が強かった。しかし、テロップのように、単なる音声の代用でもなく、色、動きが付きながら、実質的に「情報保障」にもなりうる技術が少なからず進展している。高齢社会にあって、このような、「情報保障」とポップなビジュアルを兼ね備えるような、「表現を拡張する」字幕こそが、「リビングルームの平和」の模索に寄与する、と言えば言い過ぎだろうか。

横断タグ
テーマA「社会・科学」——社会の考え方、調査法、および科学の技法
1. 現代日本：高齢化
2. 社会理論：家族社会学、(障害)当事者
4. 社会調査法：インタビュー調査・質的調査
5. 学問(科学)論：分析・考察
テーマB「福祉・障害」——福祉・障害学関連のトピックス
1. 障害論：難聴
2. 社会福祉（高齢者含む）：高齢者福祉
3. 合理的配慮：家族内における「配慮」
テーマC「情報・メディア」——情報技術・メディア関連のトピックス
2. 情報通信（テレビコマーシャル）：テレビ視聴行動
4. 共生（コンヴィヴィアリティ）：コミュニケーションと共生、字幕・キャプションの新展開
5. リテラシー：当事者のリテラシー

注

（1）『2010年国民生活時間調査報告書』NHK放送文化研究所、2010年
（2）小林義寛「テレビと家族——家族視聴というディスクールをめぐって」、小林直毅／毛利嘉孝編『テレビはどう見られてきたのか——テレビ・オーディエンスのいる風景』（せりかクリティク）所収、せりか書房、2003年、68—84ページ
（3）D. Morley, *Family Television: Cultural Power and Domestic Leisure*, Routledge, 1986、祐成保志「テレビ研究における民族誌的アプローチの再検討」「社会情報」第15巻第2号、札幌学院大学、2006年、133—158ページ
（4）小林直毅「「テレビを見ること」とは何か」「放送メディア研究」第3号、丸善プラネット、2005年、179—211ページ
（5）小林直毅／牧田徹雄／白石信子「調査研究ノート——「テレビを見ること」にどう迫るのか」「放送研究と調査」2005年6月号、NHK放送文化研究所、50—61ページ
（6）本書第4章表1「調査Ⅱの概要」を参照。
（7）本章は、「テレビはどのように見られているか」、特に、「家庭でテレビ視聴はどのようにおこなわれているか」というモチーフに「音量」という視点を導入するものとして位置づけられるだろう。
（8）村野井均「高齢者のテレビ理解に関する試論」「茨城大学教育学部紀要 教育科学」第64号、茨城大学教育学部、2015年、237—245ページ

第6章　字幕の評価とキャプションのリテラシー

阿由葉大生

はじめに

　1997年の放送法改正で、テレビ放送事業者は字幕番組・解説番組をできるかぎり多く設けるようにしなければならないという放送努力義務が規定された。総務省のウェブサイトには、「視聴覚障害者が放送を通じて情報を取得し、社会参加をしていくうえで、視聴覚障害者向け放送の普及を進めていくことは重要な課題となっています」と記載されている。すなわち聴覚障害が身体的損傷（impairment）のために社会から隔離／排除されることがないようにするため、聴覚障害者に対して情報保障をしなければならないという主張である。

　一方、本書のもう一つのテーマであるメディアへの「配慮」とアクセシビリティーは、第1章やコラム3で論じているように、特定の集団への是正措置だけではなく、すべての人に使いやすい技術をデザインすることを意味する[1]。しかしながら、「合理的配慮」という観点にせよ、アクセシビリティーにせよ、技術的な改善だけに注目することはできない。なぜなら、どのような技術もそれを用いる人々の慣習・実践と切り離しては存在しえないからである。卑近な例で言えば、純粋に技術的な観点から言えば必ずしも合理的とは言えないQWERTY配列のキーボードが多くの人によって利用されている。そのため、字幕が情報保障のツールとなりうるためには、また、インクルーシブでアクセシブルな技術となるためには、それを用いる人々の慣習や実践が必要になるのではないだろうか。

　抽象化された「聴覚障害者」「みんな」「ユニバーサルデザイン」などの概念に惑わされずに、字幕がどのように受け入れられているのか、また普及の

表1　視聴デバイス利用

Q26.		あなたはテレビを視聴するにあたって、下記の補助機器（など）を使用していますか。（いくつでも）	
		度数	有効%
補聴器	非該当	63	63.00
	該当	37	37.00
人工内耳	非該当	99	99.00
	該当	1	1.00
サウンド・アシスト	非該当	100	100.00
	該当	0	0.00
キャプション	非該当	91	91.00
	該当	9	9.00
その他	非該当	94	94.00
	該当	6	6.00
特に利用していない	非該当	75	75.00
	該当	25	25.00

ためには何が必要なのか、明らかにすることが求められている。本章が明らかにするのは、キャプションをより活用するためのリテラシーというものが存在し、このリテラシーの有無がキャプションに対する評価を分けていること、そして、このリテラシーは日常的に字幕を利用することによって育まれているということだ。字幕を活用している人々を、抽象的な「みんな」として捉えるのではなく、特定のリテラシーをもった具体的な人々として描くことが本章の目的である。

1　聴覚障害者の視聴デバイス利用

　まず最初に、どのようなテレビ視聴デバイスが聴覚障害者によって利用されているのかを明らかにしていきたい。調査Iでは、字幕付きコマーシャルと字幕なしコマーシャルを見てから、質問票に回答してもらっている。本章では、なかでも聴覚障害をもつ100人の回答に注目していく。
　まず、各補助デバイスについて、テレビ視聴時に利用しているかどうかを尋ねる設問に注目する。ここでは、「補聴器」「人工内耳」「サウンド・アシスト」「クローズドキャプション」「その他」「特に利用していない」という

表2　クラスタ分析によって得られた視聴デバイス利用の類型

		度数	有効%
Ward Method によるクラスタ	1	39	39.0
	2	25	25.0
	3	36	36.0
合計		100	100.0

6つの項目について、「利用している」、または「あてはまる」ものすべて回答してもらっている。

その結果、補聴器を利用している人は全体の63%、人工内耳を利用している人は1%、サウンド・アシストを利用している人は0%、字幕を利用している人は9%、そのほかの機器を利用している人は6%、特に利用していない人は25%である（表1）。該当者が多いのは補聴器の利用、次いで特に利用していない、そしてキャプションの利用であることが明らかになった。

次に、視聴デバイスの利用形態がよく似た被調査者をいくつかのグループに分けることができるのではないかという仮説の下、クラスタ分析という手法を用いて、クラスタ1、2、3という3つのクラスタに分類した。クラスタ分析とは、外的な分類結果が与えられていないときに、各ケース間の近いものからまとめていくことで、クラスタを形成する手法である。この手法によって、利用する視聴デバイスによって分類された、25人から39人の聴覚障害者のグループが3つ得られた（表2）。

では、それぞれのクラスタは、実際どのような視聴デバイスを利用しているのだろうか。各デバイスを利用しているかどうかを尋ねる先ほどの設問と、クラスタ1、2、3に対してクロス集計をおこなうと、表3のような結果が得られる。まず、クラスタ1のうち補聴器を利用していると答えた者は10.26%、キャプションに関しては23.08%が利用していると答えている。クラスタ2は、どの機器についても利用したと答える者はいない。クラスタ3では、補聴器を利用している者が91.67%、他機器を利用している者が16.67%である。なお、この表は多重回答の設問とのクロス集計であるため、各デバイス利用の合計値は100にはならない。

このクロス集計表から、各クラスタの利用している視聴デバイスが明らかになったので、わかりやすいように各クラスタに以下のように名前を付けてみたい。

表3　各クラスタと各視聴デバイスのクロス集計（多重回答）

			視聴デバイス					合計
			補聴器	人工内耳	キャプション	その他	特に使用していない	
クラスタ	1	度数	4	1	9	0	0	39
		行%	10.26	2.56	23.08	0.00	0.00	
	2	度数	0	0	0	0	25	25
		行%	0.00	0.00	0.00	0.00	100.00	
	3	度数	33	0	0	6	0	36
		行%	91.67	0.00	0.00	16.67	0.00	
合計		度数	37	1	9	6	25	100
		行%	37.00	1.00	9.00	6.00	25.00	

＊クラスタ1＝キャプション_補聴器群。補聴器と字幕を利用していることが多い
＊クラスタ2＝非利用群。特に機器を利用していない
＊クラスタ3＝補聴器群。補聴器を利用しているが、字幕は利用していない

2　クラスタごとのコマーシャル評価

　では、視聴デバイスの利用は、字幕への評価にどの程度影響しているのだろうか。本節では、字幕のわかりやすさの点数（3-1）、字幕を視聴した感想の自由回答（3-2）、字幕への改善点の要望（3-2）という3点について、視聴デバイスと字幕の評価との関係を分析していく。

字幕の有無によるコマーシャル評価点の変化

　まず、コマーシャルのわかりやすさの点数と視聴デバイスの利用との関係に着目したい。調査Ⅰでは、字幕付きコマーシャルと字幕なしコマーシャルのそれぞれについて、内容の伝わりやすさを点数付けしてもらっている。表4は、クラスタごとにコマーシャル評価点を比較したものである。
　この表からは、キャプション利用者では字幕の有無によるわかりやすさ点数があまり変わらないのに対して、キャプション非利用者では字幕の有無によって点数が大きく変動することが読み取れる。キャプション_補聴器群の場合、字幕付きコマーシャルの内容の伝わりやすさは68.67点、字幕なし

表4　各クラスタのコマーシャル評価平均点の比較

	字幕利用の有無		内容の伝わりやすさの点数		度数
			字幕ありコマーシャル*	字幕なしコマーシャル**	
キャプション_補聴器群	利用	平均値	68.67	51.87	39
非利用群	非利用	平均値	76.96	30.72	25
補聴器群		平均値	86.97	23.89	36
合計		平均値	77.33	36.51	100

*Levene 統計量による有意確率0.004、Welch 統計量による有意確率0.003
**Levene 統計量による有意確率0.435、分散分析による有意確率 .0001

では51.87点である。非利用群では、字幕付きコマーシャルには76.96点に対して、字幕なしコマーシャルには30.72点が付けられている。補聴器群では、字幕付きコマーシャルの77.33点に対して、字幕なしコマーシャルは36.51点が付けられている。

　すなわち、キャプション利用者における字幕付きコマーシャルと字幕なしコマーシャルの評価点の差よりも、キャプション非利用者における字幕付きコマーシャルと字幕なしコマーシャルの評価の差のほうが大きくなっている。これは、キャプションを普段から利用していれば、字幕付きコマーシャルと字幕なしコマーシャルとの点数の差はより大きくなるという大方の予想とは異なっている。逆に、キャプション利用者は、字幕がなくなってもさほど伝わりやすさの低下を感じていないようである。むしろ、普段補聴器を利用している群のほうが、字幕の有無によって CM のわかりやすさが異なってくるという結果が得られた（図1）。

　この結果に対する解釈の一つとして、キャプション利用者は、字幕だけではなく画面全体から情報を読み取ることができる、という解釈がある。字幕を見ることに慣れていない場合、字幕だけに注意が向いてしまい、字幕によって内容の伝わりやすさは高まるものの、画面全体から情報を読み取る能力がそがれてしまう可能性がある。しかし、キャプションを日常的に利用していれば、字幕を逐一読むのではなく、字幕と画面両方に気を配って視聴することができるだろう。すなわち、

✓　キャプション利用者は、画面全体から内容を読み取るようなリテラシーをもっている

という解釈がありうる。

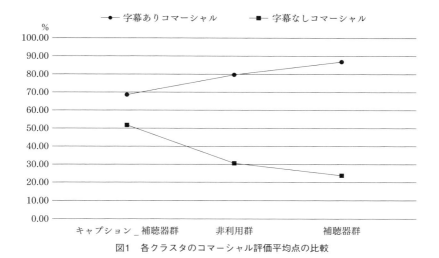

図1　各クラスタのコマーシャル評価平均点の比較

字幕付きコマーシャル純粋想起の分析

次に、さらに踏み込んで、視聴デバイスと字幕付きコマーシャルを見た印象との関係を明らかにする。素材としては、以下の自由記述の設問を利用する。

表5　コマーシャル字幕純粋想起

Q3p	ただいまごらんになったコマーシャルについて、あなたの印象に残ったことは何ですか。コマーシャルの内容、あるいは映像や文字自体に関することなど、どんなことでも結構ですので、自由に入力してください。
有効数	N=900

ここで得られた回答には、「字幕」や「文字」が「出る」おかげで、「内容」や「セリフ」が「わかる」、「伝わる」、「理解」できるという意見や、画面やテロップなどとの「重なり」「じゃま」を指摘する声もみられる。表6は、得られた回答すべてについて、出現回数順に自立語をリストアップしたものである。[3]

では、字幕コマーシャルの印象と、デバイス利用形態には関係あるのだろうか。Jaccardの類似性測度を用いて、キャプション_補聴器群、非利用群、補聴器群のそれぞれで特徴的に多く出現している言葉をリストアップした（表7）。

普段字幕を利用しているキャプション_補聴器群では、「花粉」や「洗

表6 コマーシャル字幕純粋想起の抽出語

抽出語	出現回数	抽出語	出現回数	抽出語	出現回数	抽出語	出現回数
字幕	102	印象	8	スキ	5	画像	4
見る	44	気	8	感じ	5	画面	4
内容	29	伝わる	8	言葉	5	会話	4
思う	27	映像	7	字	5	楽しい	4
文字	21	いま	7	洗う	5	季節	4
コマーシャル	17	知る	7	把握	5	興味	4
わかる	17	セリフ	6	付く	5	見にくい	4
重なる	16	見える	6	聞こえる	5	効果	4
商品	12	言う	6	流れる	5	洗剤	4
人	11	残る	6	スピード	4	全体	4
出る	10	必要	6	テレビ	4	特に	4
感じる	9	いい	6	テロップ	4	変える	4
理解	9	ケア	5	違う	4		

表7 各クラスタに特徴的なコマーシャル字幕純粋想起の抽出語

字幕_補聴器群		非利用群		補聴器群	
人	.098	見る	.200	字幕	.508
理解	.091	思う	.150	内容	.311
花粉	.077	映像	.148	わかる	.308
部屋	.051	出る	.138	見る	.250
季節	.050	重なる	.129	思う	.213
会話	.049	字	.115	コマーシャル	.200
特に	.049	把握	.111	商品	.175
洗剤	.049	伝わる	.100	文字	.149
セリフ	.048	商品	.091	気	.128
流れる	.048	工夫	.080	スピード	.111

剤」など、コマーシャルの内容そのものに関する記述が多くなっている。それに対して、非利用群と補聴器群では、「字幕」「映像」「見る」「内容」「分かる」「把握」「重なる」という語が並んでいる。つまり、キャプションを普段利用していない場合、コマーシャルの内容よりも、字幕によって内容がわかりやすくなるという長所や、字幕が映像あるいはテロップに重なってしまうという欠点が印象に残っているようである。

　すなわち、以下のことが言えそうだ。

✓ キャプション利用者は、字幕の存在よりもコマーシャルの内容に、
✓ キャプション非利用者は、内容よりも字幕の効果と欠点に注意が向いている

さて、以上の仮説を検証するため、クラスタごとに字幕の重なりと内容の理解に言及する回答の出現率を集計することにした。まず、字幕の重なりに言及する語(「重なる」「重複」「被る」「カブる」「かぶる」「かかる」「じゃま」「かさなる」)をすべて「*重なる」という語としてカウントすることにした。次に、字幕の効果に言及する語(「分かる」「わかる」「理解」「把握」「伝わる」「聞く」「内容」「理解」「いい」)については、すべて「わかる」という語としてカウントすることにした。

以下の表8は、3つのクラスタがそれぞれ、どの程度これら2つの論点に言及しているか、クロス集計をおこなったものである。まず、キャプション＿補聴器群では、「*わかる」に言及する者が30.77%、「*重なる」に言及する者が12.82%である。次に、非利用群では、「*わかる」に言及する者が60.00%、「*重なる」に言及する者が36.00%である。そして、補聴器群では「*わかる」が77.78%、「*重なる」が22.22%である。なお、多重回答のクロス集計であるため、各キーワードへの言及数の合計は100にはならない。

字幕に慣れているキャプション＿補聴器群では、字幕によって「わかる」ことも、字幕が「重なる」こともあまり意識されていない。他方、キャプションを利用していない非利用群と補聴器群は、字幕によって「わかる」と感じるが、それと同時に字幕が「重なる」ことも意識されるようになっている

表8 キーワードと各クラスタのクロス集計(現状の字幕評価)

| | | | キーワード | | 合計 |
			*わかる	*重なる	
クラスタ	キャプション＿補聴器群	度数 %	12 30.77	5 12.82	39
	非利用群	度数 %	15 60.00	9 36.00	25
	補聴器群	度数 %	28 77.78	8 22.22	36
合計		度数 %	55 55.00	22 22.00	100

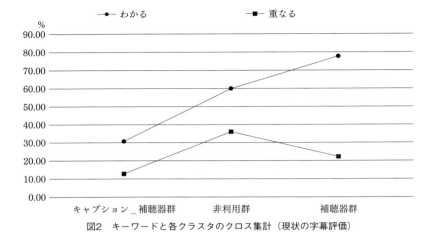

図2　キーワードと各クラスタのクロス集計（現状の字幕評価）

（図2）。

ここからも、日常字幕を利用しているほど、字幕リテラシーが高いという可能性が示唆される。すなわち、

✓　キャプション利用者は、字幕だけではなく画面全体に注意を向けて内容を読み取っていて、字幕リテラシーが高い

という可能性が示されている。

字幕付きコマーシャル改善点の分析

続いて、各クラスタがどのような字幕付きコマーシャルの改善点を望んでいるのかについて、明らかにしたい。キャプション利用者の字幕リテラシーが高いのであれば、ほかの群とは異なった改善案が出されているはずだからである。ここで取り上げる設問の質問文は、表9のようになっている。

この設問への回答から自立語を抽出したうえで、出現回数順にリストアップすると表10が得られる。ここからは字幕が「画面」「映像」「背景」と「重なる」ことや、「文字」の色について「工夫」が必要だという声があることがわかる。

次に、それぞれのクラスタを特徴づけるような言葉を探すことにしたい。前節と同様に、各クラスタとの関連を表すJaccardの類似性測度が大きい順

表9　字幕付きコマーシャルの改善点

Q19	あなたは、どのようにしたら字幕がもっと見やすくなると感じますか。
有効数	N=900

表10　字幕付きコマーシャルの改善点の抽出語

抽出語	出現回数	抽出語	出現回数	抽出語	出現回数	抽出語	出現回数
字幕	103	テロップ	9	特に	6	言葉	4
思う	49	言う	9	すべて	5	考える	4
文字	30	大きい	9	気	5	作る	4
色	28	フォント	8	工夫	5	読む	4
見る	23	見える	8	字	5	入れる	4
表示	20	場合	8	じゃま	5	白い	4
コマーシャル	16	内容	8	出演	5	番組	4
画面	15	部分	8	多い	5	被る	4
映像	14	商品	7	わかる	5	変える	4
人	12	下	6	インパクト	4	流す	4
重なる	11	出す	6	ポイント	4	流れる	4
背景	11	出る	6	感じ	4		

に10語をリストアップしている（表11）。キャプション＿補聴器群では「じゃま」「要点」などが、非利用群では「文字」「色」「背景」についての「工夫」が、補聴器群でも「文字」の「色」などが、改善案として示されている。

　そこで、①字幕と映像の重なり、②字幕と画面のデザイン、そして③音声をすべて字幕化するか、要点だけを字幕化するかという3点に関して、各クラスタの要望を検討することにした。前節と同様に、この3点に関わる語を次のように再コード化した。まず、「*重なる」という語に「重なる」「重複」「被る」「カブる」「かぶる」「かかる」「じゃま」「かさなる」を含めた。デザインについては、「*画面デザイン」に「大きい」「小さい」「フォント」「位置」「上」「下」「縦」「横」「色」「デザイン」というデザイン上の工夫に関する抽出語を含めることにした。最後に、「*要点」には、「要点」「一部」「簡潔」「最低限」など、音声をすべてではなく一部だけ字幕化することを提案する語を再コード化した。

　これら3つのキーワードへの言及をクラスタごとに集計すると、表12が得られる。キャプション＿補聴器利用群では、「*重なり」への言及は20.51％、「*画面デザイン」への言及は28.21％、「*要点」への言及は15.38％となっ

表11　各クラスタに特徴的な字幕付きコマーシャルの改善点の抽出語

キャプション_補聴器群		非利用群		補聴器群	
表示	.170	字幕	.243	字幕	.380
映像	.089	色	.162	思う	.286
要点	.077	見る	.162	コマーシャル	.231
入れる	.075	背景	.161	色	.200
多い	.073	文字	.128	文字	.196
字	.073	大変	.120	人	.150
出す	.073	読む	.115	見る	.149
部分	.071	工夫	.111	表示	.130
テロップ	.070	内容	.103	重なる	.122
一部	.051	大きい	.097	映像	.122

表12　キーワードと各クラスタのクロス集計（コマーシャル改善点）

			キーワード			合計
			*重なる	画面デザイン	要点	
クラスタ	キャプション_補聴器群	度数 行%	8 20.51	11 28.21	6 15.38	39
	非利用群	度数 行%	9 36.00	10 40.00	0 0.00	25
	補聴器群	度数 行%	12 33.33	14 38.89	0 0.00	36
合計		度数 行%	29 29.00	35 35.00	6 6.00	100

ている。非利用群では、「*重なり」が36.00％、「*画面デザイン」が、40.00％、「*要点」が0.00％となっている。補聴器群ではそれぞれ、「*重なる」が33.33％、「*画面デザイン」が38.89％、「*要点」が0.00％となっている。

キャプション利用者では、「*重なり」や「*デザイン」に関する要望がほかのクラスタよりも低いが、「*要点」に関する要望は高くなっている。逆に、普段キャプションを利用していない場合、重なりとデザインの改善への要望が大きく、要点だけを字幕化してほしいという要望は小さくなっている（図4）。

キャプション_補聴器群は字幕デザインの改善よりも、字幕の内容を絞り込むことを提案している。これは、字幕のなかから必要な情報を判別する能力が高く、画面全体から内容を読み取っていて、結果として字幕の重なり

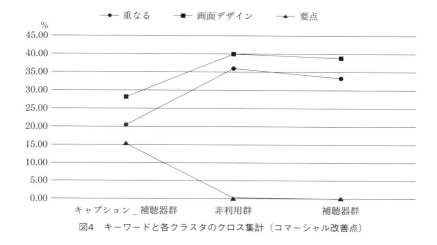

図4　キーワードと各クラスタのクロス集計（コマーシャル改善点）

やデザインはそれほど意識せずに見ることができているからだと考えられる。そのため、

✓　キャプション利用者は字幕リテラシーが高く、要点だけを字幕化することを求めている

と考えられる。

まとめ——技術とユーザーの相互構成関係への着目

　さて、ここまで聴覚障害者100人を対象に、テレビ視聴時に利用しているデバイスと字幕への評価の関係を分析してきた。まず、普段利用しているデバイスの利用形態ごとに、キャプション＿補聴器群（39人）、非利用群（25人）、補聴器群（36人）という3つのクラスタへと分類した。そのうえで、字幕付きコマーシャルのわかりやすさに関する点数（3.1）、字幕付きコマーシャルの感想の自由記述（3.2）、字幕付きコマーシャルの改善点の自由記述（3.3）を、クラスタごとに比較した。
　こうした分析の結果、キャプション利用者が、字幕に頼らずに画面全体から内容を読み取っていること、また、音声をすべて文字化するのではなく要

点だけの字幕化を求めていることが明らかになった。単純に字幕という技術を改善し普及させても、それは必ずしもインクルーシブな社会の実現を意味しない。キャプションという技術それ自体が情報保障やメディア・アクセシビリティーをもたらすのではなく、キャプションを適切に利用するユーザーのリテラシーがあってはじめて〈使える〉技術となっているのだ。翻ってみれば、日常から字幕を利用している群は、字幕についての欠点（映像と字幕との重なり）については承知しながらも、うまく画面全体からコマーシャルの内容を読み取っていた。技術的にはすでに優位性を失ったQWERTYキーボードを多くの人々が使いこなしているように、技術的な欠点はあってもそれを使いこなしてしまうユーザーの慣習や実践があってはじめて、アクセシブルなメディアとしての字幕が可能になるのではないだろうか。インクルーシブな社会のメディアとして字幕を構想するためには、抽象化された「みんな」の次元からは捉えきれない、技術とユーザーのリテラシーが交渉する側面への着目が欠かせない。

横断タグ
テーマＡ「社会・科学」──社会の考え方、調査法、および科学の技法
2. 社会理論：科学技術社会学
4. 社会調査法：質問紙調査・量的調査、クラスター分析
5. 学問（科学）論：分析・考察
テーマＢ「福祉・障害」──福祉・障害学関連のトピックス
1. 障害論：難聴
5. 字幕（キャプション）制度・政策：キャプションのリテラシー
テーマＣ「情報・メディア」──情報技術・メディア関連のトピックス
1. メディア論：メディアの調査法、メディアとテクノロジー
3. 支援技術（エンハンスメント）：補聴器、サウンドアシスト
4. 共生（コンヴィヴィアリティ）：字幕・キャプションの新展開
5. リテラシー：キャプションのリテラシー、テクノロジーのリテラシー、当事者のリテラシー

注

(1) R. Mace, "Universal Design: Barrier Free Environments for Everyone," *Designers West*, 33(1), 1985, pp. 147-152.

(2) 技術はそこに関わるユーザーやほかの技術から独立して存在することはできず、それが用いられる社会の慣習や実践、ほかの技術との関わりによって成立している。こうした指摘は科学技術社会論の分野で多くなされている。例えば、マイケル・キャロンは社会を人間と技術の「ハイブリッド」として

捉える視座を提唱している。
　　また、スーザン・リー・スターによれば、技術はそれが用いられる文脈に日常的に深く埋め込まれることではじめて、インフラストラクチャーとして機能する。Susan Leigh Star and Karen Ruhleder, "Steps toward an Ecology of Infrastructure: Design and Access for Large Information Spaces," *Information Systems Research*, 7(1), 1996, pp. 111-134.
（3）本章の自由回答欄の分析にはすべて、「KH coder」（Ver. 2.0.0.0）を用いている。

第7章 難聴者のアイデンティティー

吉田仁美

1 難聴者のアイデンティティー、障害の受容

　筆者はこれまで聴覚障害に関する研究(1)を進めてきたが、聴覚障害者のなかでも特に、難聴者のアイデンティティーの確立の難しさ、障害受容の困難さに直面することがあった。それは、〈聞こえる世界〉と〈聞こえない世界〉を頻繁に行き来することにもよると思うが、難聴者は、そのどちらの立場にも完全にはなりえない難しさをかかえながら生きている人が多い。

　「難聴」とは一般的に、「聞こえにくいこと」「音・音声が聞き取りにくい状態」をいう。「難聴者」のイメージについて、以前、筆者が周囲の知人に確認したところ、「自分の音声言語で話すので一見わかりにくい。周囲が難聴者だと気づかないケースもあるのでは？」「補聴器を使用している人」「物音や音声への反応が鈍いが、まったく聞こえていないわけではない」などのコメントがあった。筆者の知人が指摘するとおり、難聴者は一般的に、外部からはわかりにくい存在である。というよりも、他者から「気づかれない」存在といったほうがいいのかもしれない。

　最近では、聴覚障害者を主人公に取り上げたドラマの影響によって、一昔前と比較して聴覚障害者の存在は以前より身近な存在として捉えられつつある。ただし、勝谷紀子(2)も指摘するように、「メディアにとりあげられる聴覚障害者はろう者や重度の聴覚障害者であることが多く、それにくらべると実際の聴覚障害者における様相は非常に多様である。メディアでとりあげられる聴覚障害者の姿と実際の聴覚障害者の姿のあり様がかなりかけ離れている現状」(3)がある。現に、聴覚障害者を主人公にしたドラマでは手話が多く用いられている事実もそのことを示している。冒頭で述べた難聴者のアイデンテ

ィティーの確立の難しさは、難聴者の〈真の姿〉や〈ありのまま〉を伝える場がないことと無関係ではないのかもしれない。

　勝谷が「聴覚障害者における様相は非常に多様」と指摘するように、実際に聴覚障害と一口に言っても、静かな会話や声が小さい人との会話が聞き取りにくい（あるいは聞き間違えることがある）状態の人、大声での会話なら可能な人やテレビのボリュームを高くすれば聞こえる状態にある人、サイレンや（上空通過の）飛行機の音もまったく聞こえない状態にある人というように、様々な聴力レベルの人がいる。また、先天性（生まれつき）か後天性の難聴か、あるいは中途失聴なのかによっても、聴覚障害の状態、言語の獲得のプロセス（教育歴も含む）、アイデンティティーは大きく変化する。

　本章が対象にする「難聴者」は、実はわれわれの日常のなかで〈すれちがっているかもしれない人たち〉である。本書の第1章で述べたように、難聴新時代といわれる現代日本で、難聴者は、今後、潜在的に増加するだろうことが予測される。本章では、彼ら／彼女らがどのようにアイデンティティーを確立し、また字幕にどのような期待をしているのかをみていきたい。

聴覚障害とは何か

　聴覚障害とは聴覚に障害があることをいい、聴覚障害者とは聴覚障害をもつ人を指す。WHOの国際生活機能分類に沿って説明すると(4)、聴覚機能とは「音の存在を感じること、また音の発生部位、音の高低、音量、音質の識別に関する感覚機能」のことである。また聴覚機能に含まれるものとして、「聴覚、聴覚的弁別、音源定位、音の編位（左右弁別）、話音の弁別に関する機能」が挙げられる。機能障害の例としては、「ろう、聴覚機能障害、難聴」が挙げられる。これらの機能に障害が生じると、音の察知、弁別、音源の位置を特定すること、話音の弁別ができないという症状がみられる。また、一般的には、「聴覚障害」をもつと、必然的に「言語障害」にも影響を及ぼす(5)。聴力機能は一般的にデシベル（dB）という単位で表され、健聴者を0デシベルとし、数字が高ければ高いほど聞こえの状態が悪くなるとされる。日本では、両耳平均70デシベルに達すれば身体障害者手帳を取得することが可能となり、両耳平均100デシベルで、身体障害者福祉法第5条別表表第5号では「両耳全ろう」としている。しかし、ここで注意しなければならないのは、同一のデシベル、すなわち同程度の聴力レベルであっても、音・音声の聞こえやすさ、コミュニケーションの方法の相違がみられることである。

第7章　難聴者のアイデンティティー

また、難聴には主に2種類あり、伝音性難聴と感音性難聴に分かれ、これら2つの状態が交ざった状態を混合性難聴という。伝音性難聴は、一般的に内耳への音声伝達を司る中耳がふさがったことに起因している。つまり、外耳（耳介と外耳）と鼓膜および中耳、つまり音を伝える器官の障害による難聴である。一例をあげれば、中耳炎による難聴などは伝音性難聴に当てはまる。

　一方で、感音性難聴の原因は内耳の損傷にあるといわれている。感音性難聴では、加齢も大きな要因であり、現代日本で増加している高齢者の難聴の多くも感音性難聴である。感音性難聴は、医学的な治療や手術によって完治しづらいともいわれている。

　ここで補聴器の装用についてもふれておきたい。一般的に補聴器は伝音性難聴に有効であり、感音性難聴は補聴器装用の効果に個人差がみられる。というのも感音性難聴は音のひずみによる障害といわれているので、周囲のすべての音を大きくしただけでは、音や音声を聞き取ることが難しい。そのため、聴覚神経には異常がなく、補聴器で音を大きくすることによってかなり聞こえるようになる伝音性難聴には補聴器が非常に有効とされる。

　以上、聴覚障害者とはこれらの症状をかかえた人たちを一般的には指すが、上記の医学モデルからの見方だけではなく、社会モデルの視点に立った見方も必要とされ始めている。例えば、聴力レベルにかかわらず、ろう者を「ろう文化を理解し、それを身に着けている人のこと」や「第一言語が日本手話である人」と定義する場合がある。一方で、難聴者を「手話を第一言語とせず、口話や音声言語でコミュニケーションをとる人」と定義する場合もある。

　さらに最近では、世界的に人工内耳装用者が増加しつつある。とはいえ、人工内耳を装用すれば聴力レベルは改善されるが、聴力がすべて回復するわけではない。現に、人工内耳装用者の多くは、聞こえにくい状態をもちながら日常生活を送っている人が多い。

　厚生労働省の「身体障害児・者実態調査」（平成18年調査結果）によれば、聴覚・言語障害者数は、34万3,000人である。調査（対象者の）「聴覚障害者のコミュニケーション手段の状況」をみると、聴覚障害者のうち69.2％が補聴器や人工内耳などの補聴機器を装用している。そのほか、筆談・要約筆記を使用している人は、30.2％、読話が9.5％、手話・手話通訳が18.9％となっている。それから、「情報の入手方法」についてはどうだろうか。聴覚・言語障害者に絞ってみると、「テレビ（一般放送）」が74.8％と最も多く、こ

れは手話放送・字幕放送の15.7％を大きく上回る。続いて、一般図書・新聞・雑誌（66.7％）、家族・友人（53.8％）と続く。こうしてみると、聴覚障害者の多くは、数あるメディアのなかでも一般のテレビから情報を得る習慣があることが確認できる。

難聴者のアイデンティティーについて全体的であれ、部分的であれ、言及している最近の文献、論文はや伊藤泰子「聞こえない人のアイデンティティ」、津名道代『難聴』、村瀬嘉代子編『聴覚障害者の心理臨床』、山口利勝「聴覚障害学生における健聴者の世界との葛藤とデフ・アイデンティティに関する研究」がある。

伊藤論文では、ろう者社会と聴者社会の関係からアイデンティティーをグループに分けている。伊藤によれば、アイデンティティーは下記の4つに分類される。

①人工内耳や補聴器などテクノロジーを使って少しでも聞こえるようにし、そして口話法を習得して、聞こえる人の社会に同化し、成功した聞こえない人を表す。
②聞こえる人の社会に同化しようと、手話を使わず、口話法だけで、ろう文化にもふれず、努力しているが、十分な同化ができず、聞こえる人の社会では排除され、超えられない壁ができてしまい、落ちこぼれになり、自分の殻に閉じ込められ、自分に対する自信ももてない聞こえない人を表す。
③手話を母語とし、口話法を習得せず、補聴器・人工内耳などを拒否し、ろう社会のなかで孤立して生きるろう者。
④手話を自分たちの母語とし、ろう文化をもちDeafとしてのプライドがある。聞こえる人に手話やろう文化を教えたり、手話通訳または、パソコンで提供される文字情報（例えば、テレビの字幕）を聴者とのコミュニケーション手段とする。ろう者であるというアイデンティティーをもって、ろう者社会と聴者社会の両方を行き来する。

これらのどのグループに属するのかは、それぞれの聞こえない人の社会での立場によって変化する。このことは、聞こえない人のアイデンティティーは、聞こえる人との社会との関係が強いことを示している。そして、伊藤は

「手話を使わない聞こえない人には、あいまいな音声言語を基にするアイデンティティーを確立することがむずかしい人が多く存在する」という。もちろん、どの程度の残存聴力が残されているかで、アイデンティティーや障害の受容の程度も異なるのだろうが、これは一般的に難聴者によるアイデンティティーの確立が難しいことを指摘しているともいえる。

　津名は自身が聴覚障害（難聴）をもっていて、その体験を本にまとめている。津名は、「感覚器（耳・目）障害の生理は心理・行動に大きく作用する[12]」という。さらに、難聴は自分だけでは自覚しにくく、それが家族や人間関係に影響を及ぼすと述べる。加齢とともに難聴が進み、ふと気がつくとテレビのボリュームが上がり、同居の家族にそのことを指摘されるといったエピソードはよく聞かれる。ある日、突然に失聴した人の場合は除いて、聴力レベルがなだらかに低下していることは実は本人自身がいちばん気がつかないことが多い。

　難聴には限定していないが、聴覚障害者のアイデンティティーを扱った文献に『聴覚障害者の心理臨床』がある。そこでは、数人の聴覚障害者が登場し、それぞれの障害体験と障害受容について語っている。なかでも「聴覚障害者としてのアイデンティティ[13]」と題した章を担当した高橋公子は、「アイデンティティを語るうえで、もう一つ欠かせないのが手話に対する意識である[14]」と強調する。彼女は成長の過程で、「仲間と手話で語り合い、共に笑い、嘆き、憤慨し合っている時、私はろう者やろうあ者と一体化して何の疑念もなかった。だが、残存聴力のある私は、年々性能がよくなる補聴器を得て、1対1なら音声語での会話が可能になっていた。仲間の前で健聴者と音声語を交わす場面に遭遇すると、私は相手の健聴者に（私はちょっと耳が遠いだけなの。ろうあ者というわけではないの）と弁解したくなる。障害者を差別し、手話を軽蔑する社会を憤りながら、私自身障害者を段階づけ差別していたのだ」という経験をしている。この経験は、アイデンティティーの変化には、科学技術の進歩との関連があることを明らかにしている。今後、聴力を補うためのテクノロジー（人工内耳など）や情報社会が高度になることを考えるととても見逃せないコメントである。

　村瀬は、これまでの聴覚障害者との関わりから、「障害を受容することや目標を軽々しく設定し、当事者に要請するのではなく、障害をもつ人、一人一人のあり方の必然性を受けとめるように務めたい。重い障害をもつ人々の声なき声に耳を澄まし、彼らが真実の苦しみを語る傍らに居られるようであ

りたい」と述べる。村瀬が述べるように、障害の受容は当事者側だけに委ねられるものではなく、社会との関わりのなかで作られるものであるべきなのだろう。

　山口は、「聴覚障害学生における健聴者の世界との葛藤とデフ・アイデンティティに関する研究」で、その問題意識の基本を「聴覚障害者が音声言語コミュニケーションを中心に日常生活を営んでいる健聴者の世界と関係する時に抱くこうした葛藤は、彼らの自我形成にとって極めて重要」だとしている。調査は、様々な聴力レベルの聴覚障害学生を対象として聴覚障害者が健聴者とどのように関わっているのかについておこなわれている。その結果、「障害者の未受容」「健聴者との乖離」が聴覚障害者のアイデンティティーに影響を及ぼすと結論づける。つまり、アイデンティティーというのは、聴覚障害者が単独で確立するものではなく、マジョリティーといわれる聞こえる人とどのように関わり合うのかと深い関連があることを示唆している。

　それから難聴者のなかには、何らかの原因で聞こえなくなった中途失聴者もいる。こうした人たちの障害の受容は決してたやすいものではない。中途失聴者の松森果林は、「聞こえる世界、聞こえる時もあれば聞こえない時もあるという中途半端な世界、聞こえない世界——そんな3つの世界を知った」とこれまでの体験を表現している。失聴していくプロセスについて、「聞こえなくなり始めて六年目。少しずつ音が遠ざかっていく自分の耳の変化に対して、自分の気持ちが、心が、追い付かなかったのだ」「何度ももとのように聞こえる自分に戻りたいと思った。何度も聞こえるようになりますようにと祈った。何度も普通の人と同じ人生を、と願った」とあるように、障害を受け入れられず時間だけが過ぎ去っていく日々を描いている。この本の最後に彼女は、「聞こえなくなった以上、これから聞こえるようになることは考えていない。私は『わたし』なのだから」という。彼女が聞こえなくなったことを受け入れるまでには様々な葛藤があった。今回はこの一例しかあげていないが、中途で失聴した人の多くは、障害を受け入れるのに長い時間がかかるケースが多い。

2　アイデンティティーによるキャプションの評価の差

　今回、コマーシャル字幕に関するインタビュー調査をおこなったところ、

表1　インタビュー協力者の調査プロフィール

ID	聴覚障害有無	性別	年齢	調査Ⅰ対象／非対象
A	3級	女性	60代	非対象
B	6級	男性	30代	対象
C	2級	女性	20代	非対象
D	3級	男性	40代	非対象
E	4級	男性	30代	非対象

字幕に求めるニーズとともに、それぞれのアイデンティティー（障害受容）がインタビューから浮き彫りにされた。調査協力者のプロフィールは第4章表1を参照されたい。

Aさん

　Aさんは60代の後天性の難聴者（神経性難聴）[18]である。アイデンティティーについては、過去から現在までのプロセスを以下のように語る。
「中学までろう学校にいたからあんま考えなかったな。高校に入ってからは、もう、ろう高校の友達と会いたくないって感じ。（当時は）たまたましゃべれるし、まぁ少し聞こえたから楽しい、と思って。テレビとかも漫才とかもいろいろ聞いた。でも残念なことに字幕がなかったから、昔は」
　Aさんが通っていた高校は普通校である。2歳半ごろに高熱が原因で聴覚障害になる。ただし、その時点では残存聴力はあり、補聴器がなくても電話での会話は可能だったという。しかしその後、結婚し、出産をし、歳をとるにつれ、聴力も徐々に落ちていったと語る。現在は補聴器を装用している。手話もときおり使っている。しかし、Aさんにとって手話はコミュニケーションツールとして決して快適なものではなかったようだ。
「（ろう学校にいたとき）手話もあんまわからなくて、一生懸命毎日覚えたんですけれど。——正直言って疲れました。手話だけでは、言葉、ボキャブラリーをどうやって埋めるか、どうやって伝えればいいか、それがわからなくて」
　その後、ろう学校を卒業し、高校は普通校に進学する。Aさんは続けて回答する。「目の前に、世界が広がって。そのとき、聞こえる世界と聞こえない世界、わかったんだけどやっぱりどこか一緒にならない」という彼女の表情はとても複雑だった。いまは、聞こえる人とは音声言語で話をし、手話ができる人とは手話で会話をする、というようにコミュニケーションを使い

分けている。一見、うまく使い分けて何不自由なく日常の生活を送っているようにみえるが、Aさんは、「聞こえる世界と聞こえない世界を行き来するのはとても疲れる」と言うのだ。現在、Aさんはテレビを日に10時間ほど視聴しているという。家族はいるが、字幕が出るようになってから聞こえる家族は字幕をいやがるので、別々のテレビで見ているという。字幕がないときは家族で一緒に見ることができたが、テレビに字幕が登場してから家族とのコミュニケーションをとる機会が減ったというのだ。

Bさん

　Bさんは30代の男性で、障害等級6級の難聴者である。周囲の人には、「難聴なので、大きめの声で、ハッキリと言ってください」と伝えている。聞こえにくくなったことを知った最初のきっかけは、会議など集団で話しているときに、自分の席から遠い人の声が聞き取りづらいなと思ったことである。その後、周囲に同じ障害の人がいて補聴器を使うようになった。

　Bさんのアイデンティティーは、「一言で言うと難聴」というように非常に明確である。

　そして自分が難聴であると意識したのは、補聴器を使うようになってからだという。現在は地域の難聴者の団体に所属している。コミュニケーション手段は、音声言語だったり、手話だったりするが、手話を使い始めたきっかけは、ろう者の方と一緒に活動したり、友達になったりする機会があったので、手話を使えたほうがいいだろうと思い、勉強し始めたことだという。そしていまは、手話があったほうが楽しいなって思っている。とはいえ、Bさんの第一言語は日本語なので、手話を使うときも日本語を思い浮かべながら手話を使っているとのことだった。

　Bさんは、テレビを見るときに、字幕を見ながら見ている。われわれはBさんに、「字幕は誰にとって便利なものか？」と聞いたら、「日本語を読めるすべての人」と回答してくれた。聴覚障害者のニーズの一つである字幕を、Bさんが発言してくれたように、日本語を読めるすべての人にとって便利なものとしてみんなが受け止めてくれたらどうなるだろう。このコメントは、音声言語と日本語、手話というようにあらゆるコミュニケーションを使用することが可能なBさんならではの意見ともいえる。

Cさん

第7章　難聴者のアイデンティティー

Cさんは20代の女性で、障害等級は2級である。音声言語での会話が可能なので、周囲からは聞こえるのではないかと誤解されることもあるという。したがって、音声言語で話すことが可能であっても聞こえるというわけではないということを周囲に理解してもらうために、「例えば水のなかで聞こえてくるような音みたいな感じ」というように工夫して説明しながら伝えているとのことであった。Cさんは、普段のコミュニケーション手段を3通りに使い分けている。具体的には、健聴者と話すときは声だけでやりとりをし、手話を使えるろう者とは手話だけ、声も使う難聴者には声と手話を一緒に使ってコミュニケーションをとっている。そして、Cさんのアイデンティティーは時と場所によって変わる。アメリカへの留学経験があるCさんは、アメリカにいたときは、Deaf（ろう者）アイデンティティーが強かったと言うが、日本にいるときは難聴者アイデンティティーに変化する。理由は、日本にいるときは音声を主に使っているが、アメリカでは、アメリカ手話を使う(19)ことが多いからということである。すなわち、コミュニケーション手法の違いが、Cさんのアイデンティティーに影響を及ぼしているといえる。さらにCさんは言う。アメリカでは、レストランや空港などでテレビモニターを見ると、必ずといっていいほど字幕が付いている。もちろん自宅やホテルでテレビを見るときも字幕が役に立つ。これはアメリカの法律で定められているものだが、多民族国家であることが影響し、いまではアメリカに住む（英語が第一言語ではない）外国人も恩恵を受けているという。英語が母語でなくとも、アメリカではあらゆるところに字幕があることによって、聴覚障害者であってもバリアを感じることが日本ほど少ない。またアメリカでは手話が日本以上に普及していることもあり、聴覚障害者であること（＝ろう者であること）をそのまま受け入れられると語る。アメリカにいるときのほうがCさんにとって障害の受容がしやすいと述べる。

　Cさんの話によれば、アメリカでは、テレビの字幕も手話も「特別なもの」という感じではなく、「普遍的なもの」として社会に受け入れられつつあるとのことだった。それはCさんが指摘するように多民族国家であることが背景にあるのだろう。Cさんは今後、日本の社会にも、字幕や手話が普及すればいいなと語る。字幕や手話が社会に普及することによって障害の受容もしやすくなる、他人との違いを認めてあげられる社会になるのではないかと問題提起する。

Dさん

　Dさんは40代の男性で、民間企業勤務である。生まれたときは聞こえていたが、5歳のときに突然、聴力を失った。現在は補聴器を使い、そして手話での会話も可能である。Dさん自身は、音声での会話も可能なので、相手によってコミュニケーションを変えることができる。これは、失聴したとはいえ、音や人の声を聞いた記憶があり、まったく聞こえないわけではないではないので、音声での会話や情報の取得が当たり前と思いながら過ごしてきた時期が長かったことが影響しているとのことである。加えて、Dさんが過ごした学生時代には字幕、インターネット、メールなどが普及していなかったので、情報を取得する手段が音声に限定されることが多かったのも関連しているだろうとのことだった。そんなDさんが手話を勉強し始めたのは大学生のとき。手話でのコミュニケーションが可能になってからは、〈考え方〉が変わったとDさんは強調する。つまり、手話を自分のものにして以来、彼のアイデンティティーに変化が起きたのだろう。というのも手話で様々な人と会話をするようになってから、情報量が増えたのだと言う。情報の大切さ、自分から情報を取得することの重要性を、手話を学ぶことによって体感できたとインタビューで語ってくれた。

　コマーシャル字幕については、字幕の色、配置、デザインが工夫されたユニバーサルデザイン化を期待したいとDさんは言う。いまの字幕は、いかにも聴覚障害者のために作りましたよ、というのが伝わってしまうので、逆に、一緒にテレビを見ている聞こえる人や家族にも、字幕があったほうが落ち着く、というような字幕コマーシャルがあればいい、という意見だった。

　Dさんは、インタビューを通じて、私たちインタビュアーに以下のように問いかけてきた。「ユニバーサルデザインを考えたとき、難聴者や聴覚障害者のニーズを優先して、それが結果的に多くの人々が恩恵を受けることができるデザインになっている、それが理想的でありすばらしいものだと思うが、でも、それはなかなか探せない、やっと探し出すことができた、というくらい難しいものなのでは？」

Eさん

　Eさんは30代の男性で、民間企業勤務である。現在の聞こえの状態は、右耳はほとんど聴力がなく、左耳だけ補聴器を着けている。普段のコミュニケーション方法は、口話[20]である。Eさんの場合、残存聴力があるので補聴器

を使いながらコミュニケーションをとっているとのことだった。生後、原因不明の病気で聴覚の神経がやられて難聴になった。Eさんは自身のアイデンティティーを医学モデルどおりに「難聴」として受け入れていると述べる。教育歴は一貫して普通校へ通い、ろう学校在籍の経験はない。

　普段、テレビを見るときは、コードレスのヘッドホンを着け、字幕も一緒に見ているという状況である。現在は一人暮らしなので、テレビを見るときも1人が多いが、以前は家族と一緒に暮らしていて、そのときは家族とテレビを見る機会もあった。当時、字幕がないときはほとんど、親や兄弟が通訳してくれた。とはいえ、テレビに夢中になっているときはなかなか難しいこともあったのは事実である。テレビ字幕が一昔前と比較して増えた現在、通訳がなくても家族と一緒にテレビを楽しめるかと思いきや、Eさんは「それは違う」と答える。「聞こえる人は字幕いらないって言う人が多い」というのがEさんの意見であり、Eさんの家族もそう思っているとのことだった。もちろん難聴のEさんにとって字幕はわかりやすく、大変助かっているという。いままで、映像に誰が出ているかはわかっても細かいストーリーやセリフなどはわからなかったが、いまでは字幕があるので、何を言っているのかもわかる。そこで、今後、字幕を広めていくためにも「字幕に漢字がある場合、字幕の上に振り仮名を付けるなどの工夫をして子どもたちもわかるようにすれば、本当の意味でろう者や聴覚障害者だけでなくて健聴の人でも、やや聞きづらい言葉があると思うので、そうした人たちにも役立つ字幕があったほうがいいのではないか」と字幕の改善についてコメントがあった。

3　障害者の権利としての情報アクセス

　以上、調査協力者5人のインタビュー内容を、キャプションに求めるニーズと難聴者のアイデンティティーに焦点を当ててみてきたが、アイデンティティーはそれぞれの環境や経験によって異なっている。特に聴覚障害者の場合、手話が個人のアイデンティティーの形成に大きく影響していることがインタビューを通じて明らかになった。それに対して字幕に求めるニーズは、アイデンティティーが「ろう」であれ、「難聴」であれ、「聴覚障害者」であれ、いずれの場合も、字幕が必要と明確に述べていた。一方で、聞こえない自分自身は字幕が必要だが、聞こえる家族や同居人は字幕を必要としていな

い場合もあることが浮き彫りになりなった。

　協力者の一人であるＡさんが「聞こえる世界と聞こえない世界はなかなか一緒にならない」と語ったが、字幕に求めるニーズも実は、聴覚障害者と健聴者では違いがある。字幕があると助かるという聴覚障害者。一方で、字幕の必要性を感じない、という健聴者もいる。その違いは、字幕に対する「習慣性」と、字幕を本当に必要としているかという「切実性」の2つがあることによる。つまり、聴覚障害者は、聴力の限界があり、音声情報だけでは情報を補えず、それにかわる字幕や文字情報を必死に求めている。この字幕に対する「切実性」に加えて、字幕や視覚情報に頼らざるをえない状況の積み重ねによって、普段から、字幕や視覚情報に対する「習慣性」が健聴者と比較すると圧倒的に高くなる。これは私の周囲にいる聴覚障害者を観察してみても同様のことがいえ、彼ら／彼女らのキャプションや活字を読むスピードも健聴者と比較して速い。しかし、健聴者でも「字幕がほしい」「文字情報がほしい」という場合もある。例えば、英語がわからない人が洋画を見るとき、方言がわからないときなどである。または、周囲がうるさく聞こえにくい環境、昔の言葉がわからない（あるいはもしかしたら逆に若者の言葉が理解できない、ということも考えられるかもしれない）など。このように考えていくと、人は誰でも、言語の違いやあるいはときや環境の違いによって音声情報だけでは限界がある場合がある。そう考えていくと実は、キャプションは聴覚障害者だけの問題にとどまらず、健聴者にも必要になる場合もある。インタビューでは、字幕が必要と明確に主張する聴覚障害者と、必要性をあまり感じないという健聴者がいることがわかったが、字幕が必要／字幕は必要ではない、というどちらだけの選択ではなく、聴覚障害者にも健聴者にも必要となる場合を考慮すると、お互いにとっていい字幕を模索していく必要がある。このように、聞こえる世界と聞こえない世界それぞれのニーズの〈ズレ〉や〈ギャップ〉を解消することは万人の課題である。

　2006年12月13日に国連が「障害者権利条約」を採択し、07年9月28日に日本は同条約に署名をした。08年の5月3日に本条約が発効し、条約発効から5年余りでようやく日本政府の批准が実現した。権利条約は、障害者の社会への完全参加と機会の実質的平等をめざしていて、前文から第50条にわたって、障害者の権利の具体的規則について定めている。この条約は、本書に関係のある「情報およびコミュニケーションのアクセシビリティー」や「ユニバーサル・デザインの利用推進」についてもふれている。今後、この

条約の後押しを受けて、日本国内でもキャプションの開発がより一層、進んでいくことが予測される。

「情報アクセス・コミュニケーションは、社会生活、人とかかわって生きていくこと、意欲や生存の基本に深くかかわり、全ての前提になることである。従来、障害者にかかわる他のさまざまなことと同様に、なくても問題にもならなかったり、質が低くてもしかたがないもののように扱われがちだったが、権利と認知した上での制度的保障が必要である」と自らも聴覚障害をもつ臼井久実子は、情報アクセス・コミュニケーションの大切さを強調する。情報アクセス・コミュニケーションの手段の一つであるキャプションに関しても、「聴覚障害者に字幕はないよりあったほうがいい（あるいはマシ）」というスタンスではなく、字幕があることで人や社会との関わりをもてるようになったというような、いわゆる社会参加の手段として普遍的に活用されるようになるのが理想的である。そのためにはキャプション開発のプロセスで、聴覚障害者のニーズに特化したり、聞こえる人だけが字幕制作に関わったりということではなく、聞こえる人と聞こえない人との対話はもちろんのこと、異なる年代、性別、地域などを考慮したうえで共同作業や実践の場を作っていくというような工夫が必要だろう。そうした実践を積み重ねてこそ、聞こえる世界と聞こえない世界をつなぐようなキャプションが誕生するのではないかと筆者は期待している。

横断タグ
テーマA「社会・科学」――社会の考え方、調査法、および科学の技法
1. 現代日本：高齢化、「難聴新時代」 2. 社会理論：（障害）当事者、アイデンティティ 3. 国際関係：「障害者権利条約」 4. 社会調査法：インタビュー調査・質的調査 5. 学問（科学）論：分析・考察
テーマB「福祉・障害」――福祉・障害学関連のトピックス
1. 障害論：聴覚障害、難聴 2. 社会福祉（高齢者含む）：高齢者福祉、障害者福祉 3. 合理的配慮：障害者の権利 4. 社会的包摂・包括（インクルーシブ・インクルージョン）：「障害者権利条約」、社会的マイノリティ
テーマC「情報・メディア」――情報技術・メディア関連のトピックス
2. 情報通信（テレビコマーシャル）：情報保障 3. 支援技術（エンハンスメント）：情報アクセシビリティ 4. 共生（コンヴィヴィアリティ）：アクセシビリティと共生、字幕・キャプションの新展開 5. リテラシー：当事者のリテラシー

注

- （1）吉田仁美『高等教育における聴覚障害者の自立支援――ユニバーサル・インクルーシブデザインの可能性』（Minerva社会福祉叢書）、ミネルヴァ書房、2010年
- （2）聴覚障害者を主人公に取り上げた主なドラマには、『愛していると言ってくれ』（TBS系、1995年）、『星の金貨』（日本テレビ系、1995年）、『続・星の金貨』（日本テレビ系、1996年）、『君の手がささやいている』（テレビ朝日系、1997―2001年）、『フジ子・ヘミングの軌跡』（フジテレビ系、2003年）、『オレンジデイズ』（TBS系、2004年）、『ラブレター』（TBS系、2008―09年）、『心の糸』（NHK、2010年）などがある。
- （3）勝谷紀子「「難聴」のしろうと理論」「研究紀要」第81号、日本大学文理学部人文科学研究所、2011年、123―130ページ
- （4）世界保健機関、障害者福祉研究会編『ICF国際生活機能分類　国際障害分類改定版』中央法規出版、2002年、71ページ
- （5）同書76―78ページ
- （6）なお、2011年に実施された厚生労働省「生活のしづらさなどに関する調査」によれば、聴覚・言語障害による身体障害者手帳所持者は28万4,500人である。
- （7）伊藤泰子「聞こえない人のアイデンティティ」「人間文化研究」第10号、名古屋市立大学、2008年、201―215ページ
- （8）津名道代『難聴――知られざる人間風景』上・その生理と心理、文理閣、2005年
- （9）村瀬嘉代子編『聴覚障害者の心理臨床』日本評論社、1999年
- （10）山口利勝「聴覚障害学生における健聴者の世界との葛藤とデフ・アイデンティティに関する研究」「教育心理学研究」第45巻第3号、日本教育心理学会、1997年、284―294ページ
- （11）そのほか、難聴者のアイデンティティーについて取り上げた外国語の論文の代表的なものに、Ruth Patricia Ann Warick, "Voices Unheard: The Academic and Social Experience of University Students Who Are Hard of Hearing," dissertation, University of British Columbia, 2003 がある。この本では難聴者のアイデンティティーの推移についてふれている。
- （12）前掲『難聴』上、4ページ
- （13）高橋公子「聴覚障害者としてのアイデンティティ」、前掲『聴覚障害者の心理臨床』所収、1―18ページ
- （14）同論文14ページ

(15) 前掲『聴覚障害者の心理臨床』186—187ページ
(16) 前掲「聴覚障害学生における健聴者の世界との葛藤とデフ・アイデンティティに関する研究」42ページ
(17) 松森果林『星の音が聴こえますか』筑摩書房、2003年、4ページ
(18) 感音性難聴ともいわれる。
(19) American Sign Language（通称 ASL）という手話のこと。
(20) 口話とは、聴覚障害者が、相手の音声言語を「読話（読唇）」によって理解し、自らも発話によって音声言語を用いて意思伝達をおこなうことである。
(21) 臼井久実子「情報アクセス・コミュニケーションケア──聴覚障害者の立場から」、上野千鶴子／大熊由紀子／大沢真理／神野直彦／副田義也編『ケアという思想』（「ケア その思想と実践」第1巻）所収、岩波書店、2008年、90ページ

■コラム3■ メディアとは何か？　　　　　　　　　　　　　柴田邦臣
　　　　――コンヴィヴィアリティ・アクセシビリティ・リテラシー

メディアとは何か？

　本書では、「字幕・キャプション」というテクノロジーが、様々な可能性を秘めた「メディア」としてはたらくさまを記述している。しかしなかには、そもそも「キャプション」をメディアと呼ぶ、というところで違和感をもつ人がいるかもしれない。

　一般にメディアというと、新聞・テレビといったマスメディアや、インターネット、またそのデバイスであるタブレット、スマートフォンというものを想定しがちだろう。しかし「メディア」とはそもそも、「媒体」という意味のmediunの複数形が、よりマスメディアなどの情報の媒体として特に用いられるようになったものである。考えれば考えるほど、その言葉も指し示すものも幅広く、多義的で、そのことが私たちを戸惑わせもし、また心を引き付けてきたといえるだろう。

　実際のところ、「メディア」という言葉の多義性・複雑性は、その研究者を魅了も惑乱もしてきた。サイバーパンクほど情報技術を過大視したり、『一九八四年』[(1)]ほど悲観したりしなくても、私たちは現在でも、その程度はともかく、「メディア」と自ら、そして社会との関係をどう記述するか、再思三考している。

予想外のメディア ―― メディアと利用者の歴史

　もっとも、メディアをテクノロジーの歴史として振り返ってみると、その大半は「予想外の秘録総記」としか読解できない。そもそも、テクノロジーのメディア利用の端緒とでもいうべき「グーテンベルクの活版印刷技術」でさえ、それは目的外利用として普及した。初期の活版印刷で編纂された書籍の大半は『聖書』などの教典で、それを正確かつ美しく複製するためのテクノロジーだった。それが、粗雑であっても均一な情報を多量に流布するマスメディアの誕生をもたらしたのは、テクノロ

ジーの目的外利用にほかならないといえる。

　メディアの歴史は、そのような予想外利用のオンパレードである。例えば新聞は予想外に「公共圏」を生むメディアとなったし、レニ・リーフェンシュタールの「ドキュメンタリー映画」は、彼女の意図はともかくプロパガンダとして利用され、操作する独裁者と操作される大衆を生み出した。その「大衆を感動させることで操作する」技法は現在でも、本書のテーマであるコマーシャルのテクニックに脈々と受け継がれている。

　予想外のメディアは、私たちの情報社会にも散見される。ジル・ドゥルーズは情報技術による管理社会を指摘したが、その典型例が「社会保障・税番号制度（マイナンバー）」ということができるかもしれない。税の公平化と行政の効率化のためのテクノロジーが、社会保障を経由した管理アーキテクチャーだという指摘はたくさんある。それも、テクノロジーが事前の「予想外」に使われるという想定から論じられている。

メディアのリテラシー

　むしろそのようなメディアの「予想外」の驚きは、福祉情報の分野では、頻繁に見いだされるものだといえる。写真は筆者がITボランティアをしているときに出会った、重い難病で手足が動かなくなった人が試行錯誤してインターネットを使っている場面である。身体状況にとっては、キーボードも、マウスも、音声認識も使えない人が多くいる。そこには、メディアを獲得し使うための、掛け値なしの驚きと感動が積み重

写真1　障害があるからこそ、試行錯誤を重ねてパソコンを使う

なっている。

　キャプションや、本コラムで述べた障害者のメディア獲得の試行錯誤は、利用する当事者である自分自身がそのメディアをどのように使っていくのかという、リテラシーの問題でもあるといえる。メディアを「予想外」に使っていくのは、まさに利用者のリテラシーのなせる技なのだ。

　このようなリテラシーのイメージには、ホガートの議論が参考になるだろう。ホガートは古典ともなった研究のなかで、「読み書き能力」がそれまでの識字力を超えて、大衆のメディアを読解し使いこなす力＝リテラシーとして存在していることを発見した。彼の「バネのようにはね返る弾性」というリテラシー観は、様々なメディアリテラシー研究に引き継がれている。本書で障害当事者がITやATに、ないしは多くの利用者がキャプションにみせている利用法の様態は、まさにそれが、弾力のあるメディアリテラシーの積層であることを表している。

メディアのアクセシビリティ

　このような福祉情報の現場で最も問われるのが、「メディアのアクセシビリティ」である。障害のある人が情報を得られなかったりメディアを使うことができなかったりする理由は、そのかたちが接続可能＝アクセシブルではないからである。問題は、メディアのかたちのアクセシビリティというだけではない。メイロヴィッツは、メディアそのものが私たちの空間のアクセスを決めているさまを説明した。

　　メディアについての（略）主たる関心は、メディアを、特定の方法
　　で人々を含めたり排除したり、統合したり分断したりする、ある種
　　の社会的環境として捉えること(3)

　　情報システムの社会的重要性は大部分、このシステムが規定してい
　　る他者へのアクセス・パターンにある。状況（メディア介在のもの
　　もナマのものも）は参加者を含めたり排除したりする。(4)

　メディアは、私たちにアクセシビリティを提供するが、実際にそれをどう活用するかは、私たちのリテラシーによって決まる。「予想外のメディア」という観点からすれば、「字幕・キャプション」が情報のアク

セシビリティをいかに実現しうるかは、私たちがどれほど自由にリテラシーを発揮し、豊かに活用できるかにかかっている。

コンヴィヴィアルなメディア

　このような、試行錯誤を繰り返すメディアリテラシーや、社会参加のためのアクセシビリティの思想を深める際に注目しておきたいのが、イヴァン・イリイチの「コンヴィヴィアリティ」である。イリイチは、「道具（Tool）」に注目し、それが専門職の決定や産業化、管理化などに使われるものと、そうではないこと、すなわちコンヴィヴィアリティのために使われるものとに区別した。

　　コンヴィヴィアリティ〔原訳は「自立共生」：引用者注〕的道具とは、それを用いる各人に、おのれの想像力の結果として環境をゆたかなものにする最大の機会を与える道具のことである。[5]

　　コンヴィヴィアリティ〔原訳は「自立共生」：引用者注〕的な社会は、他者から操作されることの最も少ない道具によって、すべての成員に最大限に自立的な行動を許すように構想されるべきだ。[6]

　コンヴィヴィアリティは通例では「陽気さ」「お祭り気分」ぐらいの意味合いでしか使われない。しかしイリイチはここに、遊戯的なものから生まれる自立性、そしてそれを胚胎にした共生性を見いだしている。おそらく、本コラムで描いてきたリテラシーやアクセシビリティの舞台となるメディアも、そのようなコンヴィヴィアルな存在として連なってくるのではないかと思う。しかしながら、「自立共生」にしても「遊戯」にしても、その実像はわかりにくい。おそらく本書のキャプションをめぐる冒険は、コンヴィヴィアルなメディアの端緒を浮き彫りにする挑戦でもあるのだろう。

横断タグ
テーマA「社会・科学」――社会の考え方、調査法、および科学の技法
1. 現代日本：AT（Assistive Technology）革命
テーマB「福祉・障害」――福祉・障害学関連のトピックス
なし
テーマC「情報・メディア」――情報技術・メディア関連のトピックス
1. メディア論：メディアとテクノロジー、メディアの歴史
2. 情報通信（テレビコマーシャル）：情報社会論
3. 支援技術（エンハンスメント）：支援技術、パソコンボランティア、情報アクセシビリティ
4. 共生（コンヴィヴィアリティ）：「共生」の理論、アクセシビリティと共生、コンヴィヴィアルなメディア
5. リテラシー：当事者のリテラシー、メディア・リテラシー

注

（1）ジョージ・オーウェル『一九八四年』高橋和久訳（早川書房）、2009年

（2）リチャード・ホガート『読み書き能力の効用』香内三郎訳（晶文全書）、晶文社、1974年

（3）ジョシュア・メイロウィッツ『場所感の喪失――電子メディアが社会的行動に及ぼす影響』上、安川一／高山啓子／上谷香陽訳、新曜社、2003年、354ページ

（4）同書354ページ

（5）イヴァン・イリイチ『コンヴィヴィアリティのための道具』渡辺京二／渡辺梨佐訳（ちくま学芸文庫）、筑摩書房、2015年、39ページ

（6）同書38ページ

第8章 結論　インクルーシブ・コンヴィヴィアル・メディア
―― 福祉社会と共生のリテラシーのために

柴田邦臣

1 「できないことができるようになると、世界が変わる」ことについて
―― 本書の意味

「できないことができるようになると、世界が変わる」という体験は、私たちにとって常に衝撃的なもののはずだ。私がその「衝撃」を思い知ったのは、まだ学生だった前世紀末の夏だった。

そのときの光景は、いまでも忘れられない。薄暗い施設のホールに可動式のテーブルがあって、1台のWin95マシンがちょこんと乗っていた。その周りを車いすに乗った人と電動車いすに乗った人がぐるりと囲んで、必死に見つめていた。

一見してキーボードを押せず、マウスも握れないような人が、なぜそこまでパソコンに、インターネットに執着するのか、当時はほとんど理解されていなかった。しかし、彼ら／彼女らの予感は正しかったのだ。現在のテクノロジーは、視線入力・音声認識、そして本書で述べてきたキャプションの技術などによって、「どんなに障害があっても、ネットにアクセスし、社会に参加する」ことを可能にしている。病棟や自室で隔離されていた人々が、自らの世界を変えていくフロンティアは、気づかないうちに、私たちの身近なところに存在していたのだ。テクノロジーは、私の目の前で「できないことをできるように」し、次々と人々の「世界を変え」つつあるのだ。

私たちはたいてい、そのような「世界の激変」を実感していない。しかしそれは、単に私たちが「気づいていない」からにすぎない。それは本書のテーマだった、キャプションと聴覚障害の例からも明らかだったといえる。

「耳が聞こえていれば、言葉を理解できる」と、私たちは思いがちだ。しかし考えてみれば当たり前なのだが、例えば0歳児は、「ai」という発音を聞い

ても、それが「愛」という意味であることを理解できない。私たちは生まれもって「できる」のではなく、日々の営みと学びを通して「できるように」なり、それによって着々と、自らの生活世界を変えていたのだ。

ではなぜ、それを実感できる人とできない人がいるのか。なぜ、「普通」にできるようになる人と、できるようになるために特別な努力と葛藤が必要になる人がいるのか。本書のキャプションをめぐる冒険は、その理由を具体的に説明する試みといえるのかもしれない。それでは、字幕が何を、誰を、どのように変えつつあるのかについて、最後に整理しておこう。

2 仮説Iの検証──「合理的な配慮としてのキャプション」

本書では「字幕（キャプション）」に対して、2つの仮説を立てていた。

1つ目は、合理的配慮という考え方から示唆を得て、「キャプション」というテクノロジーが、限られた人向けの限られたものではなく、より広範囲の人にとっての必需品であるという仮説だった。

まず、第3章の調査Iの結果は、以下のようにまとめることができる。

結果A）聴覚障害のある層と高齢の層は、同じようにキャプションを利用しうる

第3章では、キャプションの利用が、従来考えられてきたような「聴覚障害者のための情報保障」だけではなく、より幅広い範囲に波及しうることを示した。また引き続く章では、そのようなキャプションが、どのように「配慮」として機能しているかを論じた。第5章では、キャプションが家庭内でもコミュニケーション上の配慮として役立つことを明らかにした。さらに第7章ではインタビュー調査から、そのようなキャプションが、聴覚障害者のアイデンティティーという観点からも、その周りの人々に受け入れられる余地をもたらし、広範囲な配慮を生み出しうることを指摘した。

第7章での議論が、キャプションの「配慮」が「誰」＝障害当事者だけではなく、周りの私たちにとっても合理的であることを示したのに対して、第5章は、それがどのような「配慮」であるか、つまり他者との情報交換という点で、キャプションが合理的な配慮として活用されうる技術であることを

立証したということができる。つまり、キャプションというテクノロジーを配慮として導入する必要性が、社会で広範囲に合理性をもつという仮説Ⅰは、妥当に証明されたといってもいいはずだ。

　ただし第3章では、重要な問題点も残された。それは、キャプションをじゃまだといやがる層も、また明確に存在しているという事実である。その傾向は健聴な若い層に顕著であった。

結果B）　若い層には、キャプションを忌避したり嫌厭したりする傾向がある

　ただしここで重要なのは、そのような嫌厭する層のなかにも、特にキャプションを評価している項目があるという点である。それは第3章の調査Ⅰの分析によって発見され、第4章で確認した。

結果C）　キャプションは全年代にわたって「説明・伝達」の機能が評価されている

　結果B）は、これまでキャプションが、特別な人向けの特別な配慮としてだけ合理性があると判断されてきた趨勢を示しているだろう。しかし本調査はさらに、結果C）のように、そのように思われているもののなかにも、これまで気づかれていない潜在的な合理性が存在していることを示している。従来、必要ではないと思われている人への、ないしは本人がその必要性を十分自覚していない配慮が合理的であるということがありえるのである。

　再び、「配慮の合理性」の議論に戻ってみよう。キャプションの例だけでなく、その「合理性」の問題になるのは、「誰に、何が、どれだけ必要なのかを、どう決めるのか？」という点になるだろう。つまり、合理性を引き受けたとして、合理性の規準をどこに引くかになってきている。

　なぜ、配慮には合理性な規準が問題になるのだろうか。例えばキャプションの例でいえば本書は、A）障害者だけでなく高齢者にも、C）さらに説明情報としてすべての人に対して、字幕サービスが提供されたほうが合理的であることを明らかにした。しかし現実問題として、第2章と第9章でふれたように、テレビ放送でさえ字幕率100％は達成されておらず、コマーシャルの場合はさらに道半ばである。実際のところ、すべての映像情報にリアルタ

イムで字幕を提供するには膨大な資源が必要になるだろう。

　そもそもこれまで、障害者に対する配慮は「社会的コスト」と見なされることが多かった。「合理的な配慮が不可欠」という社会的コンセンサスが得られてもなお、無前提な配慮が分配される余裕は認められていない。

> どうしても線引きが必要になるのだけども、ほんとうは繊細に見ていくと、たとえば「最愛の息子がエベレストに登って遭難したので、私は彼が亡くなった場所にどうしても行ってみたいのです」とかぜいたくな嗜好の持ち主は語ったとしましょう。もしそうなら、ぼくは、そういう願いであれば実現できてもいいのではないかという気もするわけです。だけど一方で、冷静に考えれば、公的なシステムとしてはこの事情に対応するだけの繊細さをもつことは不可能だというようにも思います。[1]

　「配慮」そのものの必要性は、各人固有の事情からくる、きわめて内在的なものである。誰にどの程度必要かは、それぞれの個人によって大きく異なる。そのため、本質的にその必要性や必要量は、容易に比較できない。また、それが生命や生活のあり方に直結しうるものである以上、安易に優先順位をつけられるものでもない。

　一方で、どのような種類の配慮であっても、人的、物的、そして経済的な資源が必要である。資源は無限ではない以上、誰への配慮を優先するかを決定しなければならない。つまり「配慮の合理性」という問題は、そもそも本質的に序列をつけがたい、しかも限られた資源のパイを誰にどう配分するのかという問題なのである。

　「合理的配慮」という考え方は、配慮が妥当になされなければならない正当性を私たちに明証した。合理的配慮は、保証されなければならない。にもかかわらず、その現実的遂行は、以下の理由から、本質的な困難に直面する。

---

①資源分配の合理性——合理的配慮は資源分配の合理性と同じであること
②配慮の比較不能性——その必要性は各自固有に内在的なものであり比較できないこと

　ここで「規準」という用語を使ったのは、その資源分配の一線が、科学的・数値的に決まるような基準ではなく、どこまでが希望されているか、ど

こまでが妥当と見なされるか、そしてそのための資源に余裕があるか、という社会的な折り合いによって決まるからである。

柴田邦臣「生かさない〈生―政治〉の誕生」では、情報技術での「生存資源」の分配の規準化を解読しようと試みた。そのうえで、その規準がどれだけ至難で問題をかかえているかを論理的に説明した。キャプションの社会的意味からみえてきた「配慮の合理性」は、まさに同じ問題を宿している。それでは、前述の理由の②そもそも比較が困難な、本質的に優先順位をつけがたいものに、①限られた資源を合理的に分配することは可能なのだろうか。そのためには、どうすればいいのだろうか。

3　考察1　「合理性の規準」とインクルーシブな社会

実は、本書で明らかにしたキャプションの量的な拡大は、「合理的配慮の規準」設定の困難さに、一定の解決策を与えうる。その手がかりは逆説的だが、「キャプション」が「クローズド」されてもいいという前提のなかに隠されている。

ここで、キャプションを普及させる際の象徴的な課題だった「テロップとの重複問題」について考え直してみよう。

第4章では調査Ⅱのインタビューから、キャプションの「重複問題」を取り上げた。映像の実際のシーンや音声は、キャプションを前提としたデザインではない。そのため、テロップと重なって読めなくなってしまう、出演している人物の顔にかぶさってしまうなど、キャプションの効果があるどころか阻害因子としてはたらくことさえ起こる。

---

③重複問題＝画面のデザインがキャプションの効果を阻害してしまう

この問題は従来までは、「だからあとから付け加えられる字幕のほうがじゃまなのだ」と考えられてきた。しかし、ここまでキャプションについての考察を広げてきた私たちであれば、問題はそこにないことがわかる。キャプションやテロップのように映像上に文字が加えられるメリットは、聴覚障害者だけではなく、自らが難聴であると自覚できていない高齢者、さらには聴力がある若年層にも内容把握のアシストとして自覚されていない価値がある。

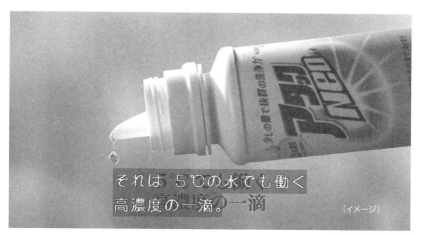

写真1 字幕が重複を起こしている例（写真提供：花王）

　つまり、キャプションを表示し続けるほうをデフォルトにし、必要に応じて消す画面デザインにしたほうが、より多くの人にとって合理的なのである。
　テロップが頻出するバラエティー番組であれば、キャプションをテロップの一種としてデザインし、出し続けることに、それほどの違和感はないだろう。強調したいときはフォントを太く大きくし、キャラクターによって文字色を替え（これはすでに多く実現されているが）、高揚したセリフは明るい色で、冷徹なセリフは暗い色でデザインして配置する。このように、おおよそ音声情報が把握可能なように出し続けるのである。(3) このように映像を作る場合、テロップはむしろキャプションの一部として使われることになるだろう。一方、セリフがない場面だけではなく、単純すぎて簡単に推測できるシーンや、ものの音、作り手が伝えることに意味を言い出さないほどの些末な情報は、それが合理的であれば、思い切ってキャプションやテロップを付けずに作ってもいい。
　ただし、キャプションが不要だと考える人は、それを消すことができる。音声でセリフを聞き取ることができて、そっちのほうが都合がいいという人は、自由に消せばいい。その場合は、テロップも表示されないことになる。また、カメラアングルも画面デザインも、どこかにキャプションなりテロップなりが表示されていることを前提に撮影され編集されているから、画面を寂しく感じたり妙に空白があるように思ったりするかもしれない。しかし、そ

第8章　結論　インクルーシブ・コンヴィヴィアル・メディア　　143

れは仕方がない。なぜなら、キャプションを表示しているほうが、より多くの人々がその情報を得て、コンテンツを楽しくことができる——インクルーシブ——だからである(4)。

　つまり、合理性は、比較してより多くの人が配慮を受けられるように設定されるように規準を設定するべきなのだ。合理性の規準は、よりインクルーシブなほうに引かれるべきなのである(5)。

　合理的配慮という観点で考えれば、きわめて限定されるもの（例えば映画の『ザ・トライブ』〔監督：ミロスラヴ・スラボシュピツキー、2014年〕のように、手話だけで表現することに目的がある作品など）を除いて、映像は原則としてキャプションなど、それに類する文字情報を画面上に表示するほうがいいということになる。「字幕付き」と「字幕なし」でいうと、「字幕付き」のほうが優位であるべきだ。その理由は、「字幕付き」のほうが、よりインクルーシブだからである。ただし、実際にキャプションを付けるか、どう付けるかは、その原則に従いながら、カットごとやシーンごとに、ないしはそのコストごとに、それぞれ決まってくるだろう。その場合の判断規準は、よりインクルーシブなほうに、情報を受け取れるユーザーが多いほうに合わせて判断されるべきだ。そこで資源を投下して配慮がなされなければならない合理性は、そのユーザーがその配慮によって、インクルーシブされるかどうかが規準になるだろう。

　キャプションの必要性を考察した結果は、配慮の合理性の規準として、よりインクルーシブであるかどうかを重視するという論点に帰結していた。この考え方は、もしかすると、私たちの社会観にも影響を与えるのではないだろうか。コラム1では教育の領域で、健常者に障害者を統合する「インテグレーション」ではなく、それぞれの必要性に応じて配慮がされるという「インクルージョン」へ変化していると指摘した。キャプションの必要性をめぐる議論は、私たちが社会的に配慮するべきかどうか悩んだり、資源をどう分配するか判断したりする必要に迫られたときに、一つの明確な軸を与えてくれる。それは、その配慮が、より広範囲に社会に包摂していく方向であるかどうか、よりインクルーシブであるかどうか、という規準である。字幕はその有無を通して、私たちがよりインクルーシブでありえるかどうか、インクルーシブな社会であるかどうかを再考させる、リトマス紙の役割をもそなえているのではないか。

4 仮説Ⅱの検証――「表現の拡張としてのキャプション」

　本書で提示した2つ目の仮説は、字幕の質的な深化であり、キャプションが、私たちの表現内容に「さらに説明を追加」するテクノロジーとして、私たちの「表現の拡張」の一つとして機能する可能性をもっているのではないか、というものである。その仮説も、調査Ⅰと調査Ⅱの結果によって支持されているといってもいいだろう。
　第4章で、調査Ⅱのインタビュー結果をまとめあげるなかで、D）キャプションに対して、「映像上の新しい文字表現」として求める期待感が大きいことがよく理解できた。

結果 D）キャプションは「映像上の新しい文字表現」として受容されうる

　キャプションが新しい表現として受け入れられる可能性は、調査Ⅰと調査Ⅱそれぞれからいくつも見いだすことができた。第3章と第4章で発見された、結果 C）キャプションが、全年代にわたって「説明・伝達」面で役立っていることもその一つだし、第4章では調査Ⅱから、第6章では調査Ⅰの自由記述から、結果 E）キャプションが映像内容を理解させ把握させる傾向を示し、実際にそのように使われつつあることを提示した。

結果 E）キャプションは内容理解・把握の役割として使われつつある

　これら C）や E）の結果は、仮説Ⅱで提起したキャプションによる情報伝達のエンハンスメントの証左そのものである。振り返ってみると、第1章で言及した「映像上の文字表現」の潮流は、テレビのテロップが、「ここが重要」「ここで笑って」といった、コンテンツ上での重要なポイントを指し示したりするような「コンテンツに説明を付加する」という役割を具体的に例証したものばかりだった。キャプションは実際に、単なる情報保障でも音声情報の代替だけのものでもなく、私たちの表現を新しく拡張するように、活用できる。
　第4章で調査Ⅰ・Ⅱを分析するなかで発見された機能は、現実にキャプシ

写真2　キャプションがテロップと共存し、解説を付加している例（写真提供：花王）

ョンが、私たちの表現内容に「さらに説明を追加」するテクノロジーとして、私たちの「表現の拡張」の一つとして機能しうるということだった。

④解説付加機能——映像・音声によるコンテンツに解説的に情報を付け加え、理解を促進させる

　本書ではその「解説を付加」する効果を、C）説明機能やE）理解促進として見いだしてきた。第1章で述べた表現の拡張という観点からいえば、結果C）と結果E）は、コンテンツに映像や音声だけではない解説を付け加えるという役割だと分析できる。
　例えばテレビのテロップは、「ここが重要」「ここで笑って」といった、そのコンテンツ上での重要なポイントを指し示している。動画サイトでのミュージック・クリップの文字表現も、歌詞や文字を多用することで、コンテンツに説明を加えている。つまりこれらの字幕の利用法には、音声情報を置き換える以外に、「コンテンツに説明を付加する」という役割を果たしている可能性がある。
　先の「キャプション」の定義を考え直してみると、これらの役割はさほど不自然ではなく、むしろこれまで気づいていなかったことのほうが意外だといえるだろう。これらの例は、キャプションが、私たちの表現内容に「さら

に説明を追加」するテクノロジーとして、私たちの「表現の拡張」の一つとして機能する可能性を示しているといえる。近年の「字幕を多用する」映像の流行は、キャプションが表現を拡張させうるという、新しい効果に気づき、活用している例だと考えることができる。それが、字幕・キャプションの新しい可能性として私たちにもたらされているのである。

5　考察2　「状況の定義」とコンヴィヴィアルなメディア

　それではなぜキャプションは、そのような役割を果たしうるのだろうか。そしてその役割を実際に有効に機能させるためには、私たちはどうすればいいのだろうか。
　第6章では、「キャプションリテラシー」について議論した。そこでリテラシーとして描かれていたのは、キャプションによる④解説付加機能を、自分たちの内容把握・理解促進として活用するリテラシーである。
　一方、社会学、特にメディアに関する社会理論には、キャプションがおこなっている④解説付加機能に類似する概念が存在している。それは、「状況の定義」と呼ばれている。もともとはアーヴィン・ゴフマンが提起した概念だが、特にジョシュア・メイロウィッツの整理が白眉だろう。

　　したがって、いかなるものであれ人々が相互行為に入っていこうとするときにまず第一に知る必要があるのは、『ここで何が起きているか』である。人々は『状況の定義』を知る必要があるのだ。[6]

　自分たちが目の前にしている「状況」を理解するために、私たちには手がかりが必要である。この「状況」は、現代的にいうと、そのシーンの共通理解を促す雰囲気であり、「空気」といってもいいかもしれない。ゴフマンは対面関係でお互いが生み出す「状況＝空気」を定式化し、メイロウィッツはそれがメディアによって制御されることに言及した。
　映像上のキャプションは、単に映像内容の音声情報を代替しているだけではなく、映像のどこを重視し、どこで笑い、どう理解すればいいのかの解説を加えることで、そのシーンの状況定義を伝達している。それを、情報の受け手である私たちは、「いま見ている映像を、どう理解すればいいか」とい

う状況理解の手がかりとし、その雰囲気、「空気」を共有することになる。テレビのテロップが近年多用されている理由は、「どこで笑うか」「どこで感動するか」という状況＝空気を伝達する、まさに「状況定義」の作用が評価されているからなのだろう。

⑤「キャプション」は、コンテンツの「状況」を定義し、共有させるメディアである

　このような状況定義という作用は、キャプションの可能性が、単に「表現の拡張」だけではなく、情報を伝え理解する「コミュニケーション」の領域まで拡張・エンハンスメントする可能性をも示しているといえる。つまりキャプションを、映像情報の内容を説明し、把握してほしい状況の説明を別ルートで付け加えているような、コミュニケーションの支援をおこなうメディアとして、評価し直すことができるのである。

　そう考えれば、なぜニコニコ動画などのコメント機能が「キャプション」に含まれうるのかも、すんなりと納得できるようになるだろう。コメントが果たしていたのは、まさにその映像の状況を、映像にキャプションを付け加えるかたちで説明し合い、定義し合い、「空気」を作り出して共有する作用であった。それは「キャプション」のなかでも、特に「状況定義」の作用に特化した利用法だったのである。

　キャプションは、単なる表現ではなく、むしろ表現を拡張することで、私たちのコミュニケーションそのものの可能性を広げているともいえる。このように「状況を定義し、空気を伝達するメディア」として評価し直すと、そのキャプションの作用が、イヴァン・イリイチの用語として近年、注目されるようになってきた「コンヴィヴィアリティ」そのものの、一つの典型例として理解できることがわかるだろう。

　コラム3で投げかけていたのは、メディアの可能性だった。そこではそれを「コンヴィヴィアル」と呼んでいた。コンヴィヴィアリティという不思議な言葉は、日本語では「自立共生」という用語があてられている。

> 彼らは単なる消費者の地位に降格されているのだ。（略）私はコンヴィヴィアリティという用語を選ぶ。私はその言葉に、各人のあいだの自立的で創造的な交わりと、各人の環境との同様の交わりを意味させ、また

この言葉に、他人と人工的環境によって強いられた需要への各人の条件反射づけられた反応とは対照的な意味をもたせようと思う。私は自立共生とは、人間的な相互依存のうちに実現された個的自由であり、またそのようなものとして固有の倫理的価値をなすものであると考える。[7]

コンヴィヴィアリティが、「社交的」「創造的な遊戯性」といった意味合いだったことはコラム3でも述べた。動画サイトのミュージック・クリップで縦横無尽にアニメーションする歌詞や、ニコニコ動画でのコメントの連続を見ると、キャプションを、まさに創造的な遊戯としてのコンヴィヴィアルなメディアとして認めてもさほどの違和感はないだろう。

しかし、キャプションがコンヴィヴィアリティのためのメディアと重なる理由はそれだけではない。キャプションそのものがもたらす、映像コンテンツ自体に「状況の定義」を重ねて伝達するという作用は、「自分の意図を、自分で説明する」という意味で、まさに自らのための情報伝達である。しかし他方からみると、その場の空間、「空気」のようなものを、相手に伝達させて共有しようとするものであり、他者に開かれ、理解を促し、つながるためのメディアとして役立っているともいえる。イリイチがコンヴィヴィアルという用語に込めた、「自立共生」という複合的な意味合いが、キャプションの作用のなかに両立しているさまを見いだすことができるのである。

まとめ　共生のリテラシー
―― インクルーシブでコンヴィヴィアルなメディアのために

字幕の必要性と可能性を追求する冒険は、ここにきて予想外の結末を予感させるようになっている。そもそもコンヴィヴィアルという用語は、いくら魅力的にみえても、コラム3で指摘したように「遊戯」「自立」「共生」といった用語がまぜこぜで込められていて、なかなかその実態を実感することができない。しかし「キャプション」は、その可能性でいえば、まさに「コンヴィヴィアルなメディア」を予感させるようなものだったのである。

キャプションが、特に「共生」の一端を担いうるという論点は、先にも述べた、よりインクルーシブなほうに配慮の合理性を置くと判断するという、キャプションの必要性からも見いだすことができた。統合ではなく包摂というインクルージョンの思想は、社会を健常者に合わせるのではなく、より多

様な主体をインクルージョンしていくという「共生」の思想に接続されている。キャプションはそのための、インクルーシブでコンヴィヴィアルなメディアとして可能性を秘めていて、また、必要性もあるのである。

　もちろん、その可能性も必要性もいまのところは、字幕がメディアとしてもたらす新展開の一つのありうる姿にすぎない。第5章では身近な人間関係において、第7章では当事者のアイデンティティーという観点で、「キャプション」の限界や課題をふまえながら、巧みに活用しようとする「技」や「知」を、いってみれば当事者のコミュニケーションのリテラシーを明らかにしてきた。第6章、そしてコラム3で詳述しているように、キャプションのメディアとしての分水嶺は、私たちがそのメディアをどう使うかという「リテラシー」に依存している。私たちは「字幕・キャプション」を、単なる特別な人向けの情報保障技術ではなく、より社会をインクルーシブにする、コンヴィヴィアルなメディアの一つとして受け入れ、評価し、活用していかなければならないのではないか。

　目の前の小さな「字幕」から始まった私たちの冒険も、いよいよゴールを迎えることになりそうだ。その地平からみえつつあるのは、目の前の小さなテクノロジーやメディアを、よりインクルーシブなように、よりコンヴィヴィアルに使うことができるという、「共生のリテラシー」を自覚できているかという自問である。その必要性も可能性も、私たちがそのメディアを共生社会を支えるものとして利用できるかどうかにかかっている。キャプションが端的に体現しつつあるこの分水嶺にあることは、しかし私たちにとって幸いだと思う。なぜなら、いまなら私たちが自らの利用の仕方によって決められるからである。字幕・キャプションが共生社会のメディアとなりえるかどうかの決定権は、私たち自身にある。その自覚によってはじめて、共生社会の一面としての字幕メディアの新展開が到来することになるのだろう。

横断タグ
テーマA「社会・科学」――社会の考え方、調査法、および科学の技法
1. 現代日本:「難聴新時代」 2. 社会理論:社会問題の社会的構成、(障害)当事者、規準、状況定義 5. 学問(科学)論:結論
テーマB「福祉・障害」――福祉・障害学関連のトピックス
1. 障害論:聴覚障害、(障害)当事者 3. 合理的配慮:「合理的配慮」の理論、合理性の規準 4. 社会的包摂・包括(インクルーシブ・インクルージョン):インクルーシブな社会
テーマC「情報・メディア」――情報技術・メディア関連のトピックス
1. メディア論:メディアの必要性、メディアの可能性 2. 情報通信(テレビコマーシャル):キャプションの量的拡大、キャプションの質的深化、情報社会論 3. 支援技術(エンハンスメント):支援技術、エンハンスメント 4. 共生(コンヴィヴィアリティ):「共生」の理論、字幕・キャプションの新展開、アクセシビリティと共生、コンヴィヴィアルなメディア 5. リテラシー:共生のリテラシー

注

(1) 石川准『見えないものと見えるもの――社交とアシストの障害学』(シリーズケアをひらく)、医学書院、2004年、225―226ページ
(2) 柴田邦臣「生かさない〈生―政治〉の誕生――ビッグデータと「生存資源」の分配問題」、「特集 ポスト・ビッグデータと統計学の時代」「現代思想」2014年6月号、青土社
(3) ここでは簡単に記述したが、「キャプション」をこのように自由にデザインするというのは、技術的にはなかなか難しい。いちばん簡単なのは、テロップのように映像に合わせて編集してしまうことだが、焼き付けるとクローズドさせることができない。テクノロジーとしては、ウェブサイトのCSSのようにデザイン情報だけ別枠で送信し、そのなかにキャプション情報も入っているというのがいちばんいいかもしれないが、技術的には未達成である。むしろその必要性を認知し開発できるかが本章の成果の一つといえるだろう。
(4) ただし、この過程では、すべての音声情報が正確に文字化されることはないだろう。それではコストが膨大すぎる可能性があるからだ。その場合はまさに、合理性の規準によって判断されることになるだろう。例えばニュースのように、情報を完全に保障しなければならないときは、字幕も完全に保障されるように付けられるべきである。一方に、表現上の工夫として字幕が付与されないことも、それが合理的であれば、私たちは認めなければならない。

その規準は、当事者のニーズと資源状況をふまえ、よりインクルーシブなほうを合理的とするべきである。本章は、その規準の引き方を論じているといえる。
（5）本章での議論ではいまのところ、実際に「基準」と「規準」に確たる違いがあるわけではない。さらにいえば、科学そのものも社会的な影響を受ける存在である以上、基準も規準も、社会的に決まるといって差し支えないだろう。本章で「規準」を用いている理由は、それが、「生きるための資源」を分配する優先順位として発動しているからである。詳しくは前掲「生かさない〈生―政治〉の誕生」を参照のこと。
（6）ジョシュア・メイロウィッツ『場所感の喪失――電子メディアが社会的行動に及ぼす影響』上、安川一／高山啓子／上谷香陽訳、新曜社、2003年、61ページ
（7）イヴァン・イリイチ『コンヴィヴィアリティのための道具』渡辺京二／渡辺梨佐訳（ちくま学芸文庫）、筑摩書房、2015年、39―40ページ

参考文献

柴田邦臣「装置としての〈Google〉・〈保健〉・〈福祉〉――〈基準〉で適正化する私たちと社会のために」、「特集 Google の思想」「現代思想」2011年1月号、青土社

柴田邦臣「ある一つの〈革命〉の話――インクルーシブな高等教育と共生の福祉情報」「情報処理――情報処理学会誌」2015年12月号、情報処理学会

第9章 まとめ　コマーシャルのキャプション付与に関する政策提言
——インクルーシブでダイバーシティな社会の実現に向けて

井上滋樹

　本書で紹介した調査から、97％の聴覚障害者が字幕を必要としていることがわかった。また、聴覚障害者だけでなく、高齢者にとっても字幕が必要とされていることも判明した。(1)しかし、字幕が必要なのは、その人たちだけなのか。字幕が必要なのは、今回の調査で対象としたテレビの番組やテレビコマーシャルだけなのだろうか。

　答えは、否である。本章では、これまでの研究の結果をふまえながら、キャプションは、誰に、どのように役に立ってきたのか、今後、キャプションがどのような役割をもち、わたしたちに、何を与えてくれるのかについて述べる。

　総務省や業界団体、企業がコマーシャル字幕の普及に向けて動いてはきているものの、コマーシャルへの字幕付与は、放送法第4条第2項によって放送事業者の努力義務の対象となっているだけであり、達成への道筋がみえないのが現状である。そのため、これまでの研究結果をふまえたうえで、ここでは、障害者や高齢者を含めてより多くの人が参加できるダイバーシティ社会への政策の一つとして、コマーシャルへの字幕付与への政策に関して具体的な提案をする。

1　字幕100年の歴史から

　チャールズ・チャップリンの映画などの無声映画を見たことがある方は少なくないだろう。当時は、技術的に映画に音声を入れることができなかった。字幕を入れざるをえなかったために、字幕は映画を観るすべての人のためのものだった。

当時の映画はモノクロ映画だったので、字幕が現れる背景の黒と文字の白が映像の間にカットとして挿入されているものもあり、字幕映画を見たときに、何をしゃべっているのか、物語の次の展開に心を躍らせながら映像の合間に現れる字幕を夢中で読んだ記憶がある。
　字幕が映し出されるタイミングも、映像や音楽のテンポなどに合わせて、巧みな演出効果がねらわれていたように思うし、文字のフォントも直筆のものまで含め様々だった。字幕がただの文字を表示しているというだけの機能ではなく、映画の表現の一部として取り入れられていた。字幕が付与された映像が芸術作品の一部になっていたと言っても過言ではないだろう。
　あれから、100年を超える歳月が流れた。音声技術が進んで、無声映画がなくなって久しいが、音声がある映画にも字幕が必要となった。映画という作品のオリジナルの音声を大切にしながら、セリフを理解するためである。こうした翻訳字幕によって、世界中の映画を、吹き替えなしにオリジナルの音声を聞きながら自分の母国語で理解できるようになった。画面の映像を見ながら字幕を読むのは、目線をたくさん動かしながら速いスピードで文字を読むというやや複雑な動きだ。そんな〈手間〉をかけてまで映画を見る人に字幕は支持されている。キャプションの必要性と可能性を端的に示している事例だ。
　こうしたキャプションの必要性と可能性は、いま、インターネットの世界でもっと広がりをみせている。世界中の多くの人の相互のコミュニケーションを劇的に変化させたインターネットの動画配信に翻訳された字幕が付与されることで、自分の言語ですぐに内容を理解することができるようになったためだ。
　この動きは、映画などの芸術作品だけでなくニュースやエンターテイメントなどすべての映像文化にまで広がっている。会社で仕事をしているときに周りの人に音が聞こえないよう、また電車のなかでスマートフォンやポータブルメディアを利用して、テレビ番組や「YouTube」などの動画などを、人々がサイレントモードにして見ているためだ。
　インターネット上の映像に字幕が付けられるようになったこうした動きは、聴覚障害者や高齢者への情報を提供するためではなく、周囲に配慮するという、マナーの観点から広がった。周りの人に迷惑をかけないよう音を出さないで字幕を読むという行為は、毎日の通勤時間でよく見かけるほど日常的な行為となった。いま、字幕を読む場所は、映画館という空間だけでなく、会

社や自宅、電車のなか、外出先のあらゆる場所に広がっている。

　ナレーターや俳優などによって母国語で音声を収録する作業に比べれば、技術的には簡単にキャプションを付けることができる。最近では、ボランティアで翻訳をするといった動きも起こっていて、翻訳字幕の広がりに拍車をかけている。いまでは、すべての映像の言語を、字幕を通じて理解することができる。そして、どんな場所でも、誰にも迷惑をかけずに、字幕が利用できるようになったのである。

　これらの字幕のメリットを生かしたメディアも生まれている。新幹線のモニターには、次の駅までの所要時間などの情報や最新のニュースが字幕で流れている。駅や空港などの大型液晶パネルでも字幕で映像が流れていることも多くなった。東京の地下鉄では、電車のなかで字幕付きのニュースやコマーシャルも流れている。混雑して不快で退屈な空間で、新しい情報にふれて少し気分がやわらぐこともある。そして、聞きたくない情報は聞こえないから、都合がいいわけだ。

　アメリカのスポーツバーで、大きなテレビのスクリーンに野球の試合の生放送が映し出されているが、音声を出さないで字幕が付けられているケースがある。バーのなかには、野球を見たい人と見たくない人がいる。テレビの音で会話をさまたげず、見たい人だけに試合の状況を字幕で伝えることができるから、双方の客に有効なやり方だ。また、同じことがアメリカのジムでもあった。試合を見ながら、字幕を読みながらトレーニングをしていた。

　多くの人が、字幕の存在やこうした役割をきちんと理解・認識していないように思うが、これらは、すべて字幕が可能にした偉大なできごとなのだ。

　字幕は、その陰で支えるような役割から日の目を見る機会がないが、字幕がある映像の風景は、すでに市民権を得ている。いつでも、どこでも、誰もが字幕にふれる時代がもう始まっているのである。

　にもかかわらず、より多様な人々にどのようなキャプションが求められるのか、そうした調査と研究があまりにも少ない。聴覚障害者にとって、また、そのほかの様々な障害がある人にとって、子どもや若者、あるいは外国人などネット上で字幕を利用するすべての人にとって、どのような字幕が有効なのか、それがこの研究を始め、そして継続して研究を進める必要がある理由である。

2　誰のためのキャプションか?

　さて、ここまで字幕が一部の限られた人だけでなく、より多くの人に必要なものであることについて述べてきた。では、より多くの人とは誰を指すのか。
　インターネットで字幕を読んでいる人は、老若男女、実に多様だ。そのなかには小さな文字や速い速度では読みにくい、読めないという人もいるだろう。
　今回の調査は聴覚障害者や高齢者を対象にしたが、キャプションの必要性と可能性の観点からいえば、当然ながらもっと多様な人々に字幕がどのように有効なのか、という研究や議論も必要になってくる。
　視覚障害者にとって字幕は必要なのだろうか。全盲の人には字幕は読めないから意味をなさない。しかし、視力が衰えた低視力状態の人には有益かもしれない。その観点から筆者らは、低視力状態の人にとっての字幕の有効性について研究した[2]。高齢者になると聞こえにくくもなるが、視覚への影響も大きい。つまりより多くの人が字幕を読むために、聴力だけでなく視力との関連が重要だとあらためて認識させられた。
　この研究からは、視力の低下にともなって字幕の内容の理解が低下することがわかった。また、字幕のスピードに関しては、速さと内容の理解に相関関係があることもわかった。キャプションのインクルーシブな必要性、つまり、より多くの人に情報を伝えるという目的を考えると、低視力状態の人には、その人が読めるスピードでないと理解できないことも判明し、今後、字幕を制作するうえでそうした配慮が必要なことがわかった。
　このように、キャプションを制作する際には、聴覚障害者のニーズだけでなく、視力も意識したうえで制作していく必要がある。また、字幕の色やスピードなどでも、そうした対象者ごとに最適な字幕を探し求める必要がある。
　子どもにとってはどうだろう。映画などで、子どもが字幕を読めないことがある。読解能力は年齢や学力にもよるが、子ども向けのコンテンツであれば、わかりやすい文字の表現や難しい漢字を使用しないなどの配慮も必要だろう。年齢の差については、視力や聴力の衰えへの配慮が大きく関与する。言語の理解については、日本語の理解が乏しい外国人に対しては、漢字の使

用や字幕のスピードなどの配慮も必要になるだろう。知的障害者などより多くの人への配慮や、専門用語や難解な言葉などをどのように伝えていくかという研究も必要だ。

3　どのようなコンテンツに字幕が必要なのか

　次に、多様な人たちに向けてどのようなコンテンツのキャプションが必要なのか、について考える。本調査からは、聴覚障害者が家族と一緒に情報を共有することが大切なことがわかった。同じテレビ番組を見ていて「1人だけ笑えない」という孤立感こそ、取り除くべき情報のバリアだろう。つまり、字幕が必要な情報は、緊急時の情報や災害時の報道番組だけでなく、お笑い番組でもドラマでも、コンテンツの内容とは関係なしに人と一緒に見るすべての番組なのである。情報の共有性――そもそも情報は誰のためのものか。その答えは、「みんなのため」である。例えば、ある人にとってはバカバカしい、あるいは意味がない情報であっても、それを必要としている人にとってはとても重要な情報なのだ。好きなアイドルがコマーシャルでしゃべっている内容などもその例外ではない。聞こえない人が聞こえる人と同じように情報を得ることに意味がある。自分にとって興味がない番組でも、誰かが好きなタレントが出ているドラマの情報を知りたいのであれば、聞こえても聞こえなくても、聞こえる人と同じように情報を得る環境を作ることが大切だ。

　緊急性が高い報道番組だけでなく、あらゆる情報を多様な人々に対して字幕で提供していくとなると、課題は山積みだが、それは同時に字幕の大きな可能性を示している。

　逆転の発想だが、先に述べた聴覚障害者向けに制作されたわけではない、「周りに迷惑をかけないための字幕」など、すでに多くの人に役に立っている字幕をより多くの人にも役に立つ字幕としてブラッシュアップしていくことも必要なのではないか。

　また、最近、テレビのニュース番組などで伝えたい情報をより強調するために見出しや情報をテロップとして出しているケースも多い。こうしたテロップは、聴覚障害者が番組内容を理解する役に立っている。であるならば、こうしたテロップも、あらかじめ聴覚障害者や高齢者、色覚障害者、低視力の人にも配慮して制作していくという視点も大切だ。

4　情報の魅力について──コンヴィヴィアルなメディア

　今回の調査結果には、「字幕はじゃまだ」「デザインをそこなう」といったネガティブな反応があったが、ここは非常に重要なポイントである。好きな女優の映像に字幕が重なってしまうようでは、その女優のファンでなくても見ていて気持ちがいいものではない。テレビコマーシャルであれば、最も重要な商品の写真に字幕が重なって商品が見えなくなるといったことが起これば、商品のイメージを左右しかねない。映像は表現である。字幕があることで映像がもつ美しさやイメージがそこなわれていては、字幕は多くの人に求められるようにはならない。

　一方、先に述べたが、エンターテイメントの表現としても字幕が使われ始めている。テレビのお笑い番組などでも、タレントがおかしいコメントをしたときはその言葉が大きく派手なテロップとして出されたり色を付けた文字で強調されたりしている。「ニコニコ動画」では文字が表現手段として使用されて、面白さや内容の強弱に使用されている。文字だけでなく、びっくりマークや絵文字など、表現の仕方も流行によって進化し拡大していっている。このように、字幕やテロップがチャップリンの無声映画のときと同じように、表現として、表現の手段として機能してきていることには注目すべきだ。

　そう考えたとき、情報を伝えるという手段に加えて、表現としてどのような字幕を付けていくのか、テレビコマーシャルでいえば、クリエイティブの領域で字幕を考えていくことで新しいコンヴィヴィアルな可能性がみえてくる。キャプションが付いていても、表現としてクリエイティブである。あるいは、キャプション自体が情報をよりインパクトをもって伝えるための手段になっている、というテレビコマーシャルの可能性である。

　例えば、字幕が付けられたことで商品の認知や訴求効果が高まるのであれば、字幕は、これまでとは違った意味をもつ。長々と商品を説明するのではなく、インパクトがあるキーワードとそのテロップだけでコマーシャルを作ることで、わかりやすく訴求力があるコマーシャルができるかもしれない。

　伝えたい内容がより多様な人に伝わるコマーシャルこそ、究極のインクルーシブでコンヴィヴィアルなコマーシャルだ。海外で外国語のコマーシャルを見て、言葉の意味はまったくわからないがほぼ内容が理解できたことがあ

る。伝えたいことを映像表現として、シンプルなコメント字幕だけで伝えることだってできる。人に伝えるためには、いろいろな方法がある。字幕を有効に活用することでより多くの人に伝える方法をコマーシャルの世界で進めていくことは、マーケットを切り開くチャンスである。

5　文化の相互理解を進める字幕メディアの新展開

　音声を機械で自動的に文字に変換する音声認識の技術も進んできた。いまのところ音声を百パーセント間違いなく文字化できるようにはなっていないが、技術が進むことで、機械が字幕を自動的に付けてくれる時代も遠くないかもしれない。
　また自動翻訳機などの性能が高まれば、その場で外国語を話す人との、またメディアを通したコミュニケーションができるようになる。この10年ですさまじい技術の進化があったことを考えると、こうした技術の進化で人々がもつメディアも変わるし機能も高まる。今後、技術が進むことによって字幕化が容易になり、字幕が急速に広がるかもしれない。
　先端技術との融合によってメガネに字幕が映し出され、聴覚障害者が自由に字幕を通じて人とコミュニケーションをして社会でハンディなく活躍できる時代もSF映画の世界ではもはやない。そのメガネに外国語の翻訳字幕が出れば、そのメガネは障害者だけのものではなく「みんなのためのもの」になる。近未来には、精度が上がった自動翻訳機で多言語に対応したうえで言葉の背景にある情報が読める、難しい言葉の解説があるといった付加価値がある情報提供も可能かもしれない。外国語の勉強などにも役に立つかもしれない。いつでも、どこでも、誰にでも、そんな字幕新時代の到来である。
　その際、より多くの人のニーズに即してコンヴィヴィアルなキャプションを制作すれば、より多くの人に役に立つというのが筆者の主張である。コミュニケーションが成り立ちにくいために、障害者に偏見をもったり、異教徒同士が偏見から紛争に至るといったこともこれまで多くあったのではないか。字幕によって違う文化や言語の人が多様な文化をシェアできる日が訪れれば、世界の実に多様な文化の相互理解を促すだろう。
　自分とは違う身体的な機能や生活習慣など、人と人がわかり合うために、こうした情報を、字幕を通じて、相互に交換し合っていけば、字幕は障害も

国境も超えることができるのではないか。まさに、字幕は、障害、年齢、他言語を超えて、文化を共有するメディアなのである。

　キャプションは、例えば英語ができない日本人のハンディを減らすことができるかもしれない。アフリカの少数民族の言語もほかの言語と伝え合うことだってできる。グローバルな社会で、多様な人たちの相互理解を進める字幕は、障害や紛争といったバリアを超える重要なコミュニケーションの手法であり、それは、経済さえも進展させるかもしれない。

　すべてのメディア、すべてのコンテンツを理解できるようにして、すべての情報や文化をすべての人に伝えること。それが容易にできるのは、実は、音声ではない。文字である字幕なのである。

6　コマーシャルの字幕付与に関する政策提言
　──インクルーシブでダイバーシティな社会の実現に向けて

　第2章で述べたように、アメリカでは1996年のアメリカ電気通信法によって、すべてのテレビ番組でキャプションが義務づけられた。そのほか、アメリカ電気通信法255条で、テレビ放送そのものが「すべての人に利用しやすいこと」と明記されている。アメリカでは、テレビコマーシャルのキャプションについては義務づけられていないものの、商業的な観点や企業の社会的責任の視点からも必要と考えられ、多くの企業がテレビコマーシャルに字幕を付けている。

　一方、日本では、2013年9月に閣議決定された「障害者基本計画」（5年計画）で「字幕付きCM」が明記され、14年2月に障害者の権利に関する条約が発効された。12年10月に総務省が新たな視聴覚障害者向け放送普及行政の指針を定めたなかで、17年度までの普及目標値として、字幕放送について対象の放送番組のすべてに字幕付与（NHK〔総合〕・在京キー5局など）と規定された。こうした動きは、テレビコマーシャルへの字幕付与を促進している。

　しかし、コマーシャルへの字幕付けは、通常の番組への字幕付けと同様に放送法第4条第2項によって放送事業者の努力義務の対象となっているだけである。また、放送設備が一部コマーシャル字幕に対応していないという技術面の課題、コマーシャル素材搬入ルールなどの運用面の課題も残る。さらに、コマーシャル字幕の表示方法の規格について当事者の意見を十分反映す

るべきだがその方法も確立しておらず、コマーシャル字幕の普及までの道筋が見えないのが現状であり、今後、これらの課題に応え、政策としてしっかりと打ち出していく必要がある。

　そのため、ここでは、コマーシャルへのキャプション付けに関して提案をしたい。2013年6月に障害者差別解消法が制定され、16年4月1日から施行される。障害者関連法の「合理的配慮」として、障害者の文化的生活の享受についても障害者のための環境整備など適切な措置をとることとされている。こうした動きを見据えてコマーシャルへのキャプション付けの政策を進めていくのが、タイミング的にも非常に有効だと考える。

　テレビコマーシャルは企業の自主性に基づく広告活動であり、コマーシャル字幕を法律で義務づけることは行政としては強制しにくいという壁が残る。そこで行政が制作するコマーシャルの字幕付与をここに提案したい。技術的な問題は残るが、行政がスポンサーとなるテレビコマーシャルはすべての国民にその情報を伝える義務があるからだ。これには、選挙告知のコマーシャルや政党・自治体などのコマーシャルなども含むことで一定の影響力をもつ。

　2つ目の提案は、テレビコマーシャルの字幕化の社会的な意義や経済的な効果を広く社会や企業に示すための啓発活動を実施することである。まずは、聴覚障害者がテレビコマーシャル字幕を必要としていることを認知してもらうための広報活動を実施する。その事実でさえ、一般の多くの人にはいまだに知られていないからだ。そのうえで、テレビコマーシャルの字幕化が企業活動として高く評価される社会的気運の情勢が必要で、そのため広く国民全体に、その必要性を訴えていくことが必要だ。さらに、テレビコマーシャルのキャプション化が企業活動に対して、どのような影響を与えるのか、企業による社会貢献としての観点のほかに、マーケティング的な観点からも企業が納得するデータが必要だ。600万人ともいわれる聴覚障害者のマーケットは、小さいとはいえないのである。

　3つ目の提案だが、テレビコマーシャルの字幕化に関するマーケティングデータをとりまとめ、それらを企業に提供することだ。そこには、聴覚障害者の市場に関してはもちろん、この論文でも示した高齢者を対象とした市場に関するデータの提示なども含まれる。また、企業をとりまとめる団体での説明やトップへの理解を促す活動の実施、当事者や国民を巻き込んだシンポジウムの実施なども、それに貢献するだろう。

　4つ目の提案は、当事者が、そのニーズに関する声を出せる場を作ること

だ。アメリカで放送字幕が法制化された背景には、多くの聴覚障害者自らの行動があった。政策を打ち出していくなかで重要なのは、視覚情報である字幕の必要性の視点からニーズを明白に主張できるのは聴覚障害者だということである。アメリカでのコマーシャルへのキャプション付けに至るには、多くの聴覚障害者が、キャプション付きのコマーシャルを流している企業の商品を買う、そうでない企業の商品を買わないという活動があった。こうした活動は、ブランディングの観点から、企業イメージの形成はもちろん特定ターゲットに向けた商品の販売促進に直結するので日本でも参考になる。

政策立案のための委員会に当事者が入り、そのニーズを的確に政策に反映させることは必須である。聴覚障害者といっても実に多様だ。単に字幕が付けられればいいとことだけでなく、多様性がある当事者にとって、読みやすく、また、表現をさまたげない制作物を作ることも必要だ。

障害者関連法の2016年4月1日からの施行を受けて、話はテレビコマーシャルの字幕化だけではなくなる。「障害者も高齢者も含めて、すべての人が同じ社会の構成員として社会に包括していくこと。または、そのための仕組みを共に創っていく、ソーシャル・インクルージョン(3)」の考え方に基づいた様々な政策が必要になってくる。

本書では、テレビコマーシャルへのキャプション付与について述べてきたが、すべての情報が差別されることなく、障害者や高齢者を含めてより多くの人に提供されるためのダイバーシティ社会への政策のさらなる推進が必要だろう。

横断タグ
テーマA「社会・科学」——社会の考え方、調査法、および科学の技法
1. 現代日本：現代日本の課題、ダイバーシティな社会 3. 国際関係：キャプションの国際関係 5. 学問（科学）論：提言
テーマB「福祉・障害」——福祉・障害学関連のトピックス
1. 障害論：聴覚障害 2. 社会福祉（高齢者含む）：ダイバーシティな社会 4. 社会的包摂・包括（インクルーシブ・インクルージョン）：インクルーシブな社会 5. 字幕（キャプション）制度・政策：キャプションの政策、キャプションの国際状況
テーマC「情報・メディア」——情報技術・メディア関連のトピックス
2. 情報通信（テレビコマーシャル）：テレビ視聴行動、情報保障 4. 共生（コンヴィヴィアリティ）：字幕・キャプションの新展開

注

（1）総務省「視聴覚障害者向け放送普及行政の指針の見直し及び視聴覚障害者向け放送普及行政の指針見直し（案）に対する意見募集の結果」2012年10月2日
（2）Shigeki Inoue, Yasushi Nakano, etc., "Closed-Captions for Viewers with Low Vision: Caption Speed and New Tools", *Aging , Disability and Independence: Selected Papers from the 4th International Conference on Aging, Disability and Independence 2008*, 2008, pp. 205-215.
（3）井上滋樹『〈ユニバーサル〉を創る！──ソーシャル・インクルージョンへ』岩波書店、2006年

補章 テレビコマーシャルのクローズド・キャプションによる字幕の有効性に関する研究
―― 調査の報告と単純集計

柴田邦臣／阿由葉大生

1 調査の目的と方法

　デジタル放送が一般家庭に浸透して以降、字幕付きの映像は珍しいものではなくなった。電車の車内ディスプレー、空港の待合室やスポーツバーなど、音声が聞こえなかったりじゃまになったりするようなところでは実際に字幕付きのテレビ番組が頻繁に流されている。

　日本では、聴覚障害者への情報保障の必要性に関する関心も高まり、2010年以降、テレビ放送への字幕付けの普及は進んできている。しかしながら、コマーシャルに対する字幕付けはさほどなされていない。社会の高齢化にしたがってその要望は着実に広がると思われ[1]、その重要性はますます増していくと予想できる。

　そこで、字幕・キャプションを付けた字幕付きテレビコマーシャルに焦点を当て、その傾向を把握し、字幕放送の影響を分析する調査を実施した[2]。このような調査の場合、「実際に字幕付きコマーシャルを見てもらう」必要がある。そこでウェブ調査の形式をとって、ストリーミング配信で字幕付き／字幕なしの両コマーシャルを見てもらい、それについての評価を聞くことで、日頃の字幕付きコマーシャルへの接触状況とともに、字幕の効果を分析した。このような調査は、規模・内容の面からも日本では初めてといってよく、本研究の意義を示しているといえるだろう。

　なお、本調査は2012年の実施当時、日本だけでなく世界に先駆けたもので、規模・質ともに、現在でも評価されている。詳しくは注2で挙げた私たちの報告も参照してほしい。

表1　調査対象

対象種別	聴覚障害の有無	人数
一般対象者	なし	800人
聴覚障害者	あり	100人

2　質問票調査の実施（調査I）

　本調査は、「字幕メディア研究プロジェクト」として博報堂ユニバーサルデザインを中心に、共同研究者の所属機関と連携しておこなわれた。調査設計はそのうち井上滋樹・神長澄江（博報堂）、柴田邦臣（大妻女子大）らを中心としておこなわれ、調査票は井上らが主体となって作成したものに、柴田が社会調査の専門的観点から改善をほどこして作成した。調査終了後の分析は、共同研究者の各チームが分担しておこなったが、データセットの準備、クリーニング、単純集計、および基本的分析は、大妻女子大学チーム（当事）の柴田と阿由葉が中心になって担当した。したがって本調査の基本的な責任は、本章執筆者の柴田、阿由葉、井上にある。

　調査対象は、15歳から79歳までの全国の男女900人である。ウェブ調査であるためサンプルはアクセスユーザーに依存するが、各年代・性別のバランスをとって偏りがないようにした。そのうち聴覚障害者が100人、一般対象者（非障害者）が800人である。聴覚障害者のサンプル数がどうしても限定されてしまうが、一般対象者のなかにも字幕付きコマーシャルを見たことがある人、利用したことがある人が一定数存在していると期待される。そのような一般対象者は、聴覚障害者と対照されるとともに、キャプション付きコマーシャルのユーザーとしての分析対象にもなるだろう。

　この900人を対象に、2012年3月7日（水曜日）から3月19日（月曜日）まで、『A-Studio』で放送された花王の4本のテレビコマーシャル、ハミングフレア、アタックNeo、ビオレスキンケア洗顔料、メリットシャンプーを見てもらった。4本のコマーシャルのいずれかについて字幕付き／なしの2種類を見てもらったうえで、質問に回答してもらった。

　この4本のコマーシャルは無作為に抽出されて、調査対象者は字幕付き／字幕なしの両方を閲覧し、比べて回答した。同時に、日々の聴取行動を問うたものが調査Iである。調査期間は、2012年3月7日（水曜日）から3月19日

表2　あなたの性別と年齢をお知らせください（1つだけ）

性別・年齢	度数	割合%
男性15歳―19歳	57	6.33
男性20歳―29歳	64	7.11
男性30歳―39歳	69	7.67
男性40歳―49歳	68	7.56
男性50歳―59歳	69	7.67
男性60歳―69歳	59	6.56
男性70歳―79歳	59	6.56
女性15歳―19歳	60	6.67
女性20歳―29歳	71	7.89
女性30歳―39歳	69	7.67
女性40歳―49歳	75	8.33
女性50歳―59歳	63	7.00
女性60歳―69歳	59	6.56
女性70歳―79歳	58	6.44
有効数	N=900	100.00

（月曜日）までである(3)。

3　調査Ⅰの結果の概要

属性と字幕コマーシャルの好感度

　本節では、調査の集計結果を概観する。まず、回答者の年代ごとの（10代から70代まで）有効回答数は、一般対象者の場合、すべて114人または115人とほぼ同数であり、男女比もほぼ5:5であった。

　テレビコマーシャルに対しては、関心をもっている層が半数、関心をもっていない層が20％程度だった。さほど顕著な偏りはないといえるだろう。

　一方、字幕・キャプションの認知度に関しては知らなかった層が69％を占め、多数派となっていた。

字幕コマーシャルに関する評価

　字幕コマーシャルに関する評価は、全体的に高いものではなかった。理解度でいえば、字幕付きコマーシャルのほうが理解しやすいと答えた層が40％だった。しかしながら、コマーシャルのどこが評価されたのか、それぞれについて問うと、商品名が記憶に残るという点では字幕なしコマーシャルのほうが高いが、商品機能やコメントの伝わりやすさという点では字幕付きコ

表3 あなたは、普段からテレビコマーシャルに、どの程度興味・関心をもっていますか（1つだけ）

	度数	%
非常に興味・関心をもっている	111	12.30
やや興味・関心をもっている	358	39.80
どちらともいえない	215	23.90
あまり興味・関心をもっていない	165	18.30
まったく興味・関心をもっていない	51	5.70
合計	900	100
欠損	0	N=900

表4 あなたは、この「クローズド・キャプション（Closed Caption）」について、このアンケートの以前からご存知でしたか（1つだけ）

			水準	度数	割合%
1	○	知っていたし、利用したことがある	1	121	13
2	○	知っていたが、利用したことはない	2	156	17
3	○	知らなかった	3	623	69.00
			有効数	N=900	1

表5 ご覧になった2つのコマーシャルのうち、コマーシャルの内容が理解しやすいのはどちらですか（1つだけ）

	度数	%
字幕付きコマーシャルのほうが理解しやすいと思う	176	20
やや字幕付きコマーシャルのほうが理解しやすいと思う	184	20
やや字幕なしコマーシャルのほうが理解しやすいと思う	207	23
字幕なしコマーシャルのほうが理解しやすいと思う	333	37
合計	900	100
欠損	0	N=900

表6 コマーシャル評価（a、商品・ブランド名が記憶に残る）

	度数	%
字幕付きコマーシャルのほう	182	20
やや字幕付きコマーシャルのほう	227	25
やや字幕なしコマーシャルのほう	225	25
字幕なしコマーシャルのほう	266	30
合計	900	100
欠損	0	N=900

表7 コマーシャル評価（b、商品機能が記憶に残る）

	度数	%
字幕付きコマーシャルのほう	207	23
やや字幕付きコマーシャルのほう	253	28
やや字幕なしコマーシャルのほう	176	20
字幕なしコマーシャルのほう	264	29
合計	900	100
欠損	0	N=900

表8 コマーシャル評価（c、コメントが伝わる）

	度数	%
字幕付きコマーシャルのほう	248	28
やや字幕付きコマーシャルのほう	269	30
やや字幕なしコマーシャルのほう	149	17
字幕なしコマーシャルのほう	234	26
合計	900	100
欠損	0	N=900

マーシャルのほうが肯定的に評価されていた。キャプションありとなしは、同じコマーシャルでも明らかに評価されるポイントが異なるといえ、その表現としての形態と効果に着目する必要があると思われる。

字幕コマーシャルによる影響

　本調査では、字幕付きコマーシャルが視聴者にどのような影響を与えているかについても聞いている。字幕付きコマーシャルのほうが商品を購入してみたくなるというのは40％程度で、購買行動に直接つながっているとはいえない。しかし字幕付きコマーシャルに取り組んでいる企業を評価している層は半数を超える。購買行動には企業イメージも影響を与えることを考えると、無視できるものではない。

　以上のように全体を概観すると、「コマーシャルに字幕を付けること」の評価や影響はまだ定まっているとはいえず、より詳細に分析していく必要がある。特に、今後増加してくる高齢者層の動向に着目して分析する必要もある。以上が調査の概要であり、具体的な分析は本書第3、4、6章を参照されたい。

表9 ご覧になった2つのコマーシャルのうち、コマーシャルの商品を購入してみたいと思うのはどちらですか（1つだけ）

	度数	%
字幕付きコマーシャルのほうを購入してみたい	153	17
やや字幕付きコマーシャルのほうを購入してみたい	245	27
やや字幕付きコマーシャルのほうを購入してみたい	255	28
やや字幕なしコマーシャルのほうを購入してみたい	247	27
合計	900	100
欠損	0	N=900

表10 あなたは、ご覧になったようなコマーシャルに字幕を付けている企業について、社会的に評価されるべきと思いますか（1つだけ）

	度数	%
非常に評価できる	185	21
やや評価できる	313	35
どちらともいえない	294	33
あまり評価できない	72	8
まったく評価できない	36	4
合計	900	100
欠損	0	N=900

4　対面インタビューの概要（調査Ⅱ）

　以上の質問票調査から、字幕付きコマーシャルを聴覚障害者と60歳以上の高齢の方が高く評価していることがわかった。その結果を受け、聴覚障害者のなかでもある程度の残存聴力がある難聴者（ここでは障害者手帳3・4・6級に該当する人とした）と最近聞こえにくくなっていると感じる60代以上の高齢世代（5人）と難聴者（5人）を対象にインタビュー調査を実施した（以下、調査Ⅱと表記）。

　調査Ⅰの結果として、聴覚障害者のなかでも、ある程度の残存聴力がある難聴者と、最近、耳が遠くなったという自覚があると感じる高齢世代（60代以上）には共通のニーズがありえる。本インタビュー調査は、その層にアプローチすることで字幕放送に対するニーズを「深く」「豊かに」掘り下げる

表11　調査Ⅱの概要

ID	聴覚障害有無	性別	年齢	調査Ⅰ対象／非対象
A	3級	女性	60代	非対象
B	6級	男性	30代	対象
C	2級	女性	20代	非対象
D	3級	男性	40代	非対象
E	4級	男性	30代	非対象
F	なし（最近耳が聞こえづらくなった自覚あり）	男性	70代	非対象
G	なし（最近耳が聞こえづらくなった自覚あり）	女性	70代	非対象
H	なし（最近耳が聞こえづらくなった自覚あり）	女性	70代	非対象
I	なし（最近耳が聞こえづらくなった自覚あり）	男性	70代	非対象
J	なし（最近耳が聞こえづらくなった自覚あり）	男性	60代	非対象

ために実施したものである。ここで述べる「深く」「豊かに」というのは、字幕を使用する人の障害の程度はもとより、質問票調査でのコマーシャルの受け止め方をより詳細に聞き、その要因や影響を探るという意味である。さらには、日常生活での字幕放送の利用法を探ったり、彼ら／彼女らのライフスタイル、家族関係、すなわち利用者の社会的背景まで視野に入れて分析することで、字幕放送がより広範囲に、かつ表現としても使いやすいものになる、つまり量的にも質的にもインクルーシブでアクセシブルなメディアとなりうるのではないかという考えがあってのことである。

なお本インタビュー調査（調査Ⅱ）も、「字幕メディア研究プロジェクト」が博報堂ユニバーサルデザインを主体としておこなった。調査設計は吉田（当時・昭和女子大学）、井上（博報堂）、柴田（当時・大妻女子大）らを中心としておこない、インタビュー・シナリオは柴田らが主体となって作成した。調査終了後のトランスクリプト整理は、大妻女子大学チームの柴田、および阿由葉が中心となって担当した。

インタビューは半構造化インタビューを基本としながらも、15分程度のデプスインタビュー形式を取り入れた手法を採用した。具体的には、インタビュイーに、アタックNeo、メリットシャンプーの2種類のコマーシャルについて、それぞれ字幕付き／なしのコマーシャルを視聴してもらったあと、①普段のテレビ／コマーシャル視聴状況、②字幕付き／なしのどちらがいいか、③アタックNeoとメリットシャンプーのどちらがいいか、について質問した。実施日は2012年5月11日、インタビュイーは表11のとおりである。

本インタビュー調査では、コマーシャル表現として関与しそうな設問、およびコマーシャルごとの比較をおこなった。コマーシャルはそもそも一つの「完成された表現作品」であり、そのなかから一部分を抽出して分析することは適切とはいえない。むしろキャプションを付けることで、「キャプションが付きやすいコマーシャル」と「付きにくいコマーシャル」というように、コマーシャルごとに差が出ていると予想されるため、その比較分析を手がかりとする。特に調査Ⅱの分析結果は、本書第4、5、7章でまとめている。

　質問票調査と対面インタビュー調査を組み合わせて、被験者にとって字幕付きコマーシャルが映像表現としてどのように理解されているか探るとともに、それが購買行動といったコマーシャル本来の目的や、人間関係の形成といったより社会的な面にどのように影響を与えているか、明らかにしている。

横断タグ
テーマA「社会・科学」――社会の考え方、調査法、および科学の技法
4. 社会調査法：質問紙調査・量的調査、サンプル、単純集計、インタビュー調査・質的調査 5. 学問（科学）論：調査の実施
テーマB「福祉・障害」――福祉・障害学関連のトピックス
なし
テーマC「情報・メディア」――情報技術・メディア関連のトピックス
なし

注

（1）内閣府『平成23年版 高齢社会白書』印刷通販、2011年
（2）井上滋樹／吉田仁美／阿由葉大生／歌川光一／神長澄江／柴田邦臣「テレビCMのクローズド・キャプションによる字幕の有効性に関する研究②――聴覚障害者と60歳代以上の共通ニーズ」（第4回国際ユニヴァーサルデザイン会議2012 in 福岡、2012年〔http://hakuhodo-diversitydesign.com/hdd/wp-content/uploads/2013/12/r2_20120530_J.pdf〕［2016年3月19日アクセス］)、および柴田邦臣／歌川光一／井上滋樹／吉田仁美／阿由葉大生「テレビCMのクローズド・キャプションによる字幕の有効性に関する研究③――CM表現としての字幕」（第4回国際ユニヴァーサルデザイン会議2012 in 福岡、2012年〔http://hakuhodo-diversitydesign.com/hdd/wp-content/uploads/2013/12/r3_20120530_J.pdf〕［2016年3月19日アクセス］）を参照されたい。また、総務省情報流通行政局「字幕付きCMに対する評価、効果等に関する調査研究報告書」（電通、2015年〔http://www.soumu.go.jp/main_content/000372825.pdf〕［2016年3月19日アクセス］）なども参考になる。

（３）Shigeki Inoue, Yasushi Nakano, etc., "Closed-Captions for Viewers with Low Vision: Caption Speed and New Tools", *Aging , Disability and Independence: Selected Papers from the 4th International Conference on Aging, Disability and Independence 2008*, 2008, pp. 205-215.
（４）花王のハミングフレア、アタック Neo、ビオレスキンケア洗顔料、メリットシャンプーという4本のテレビコマーシャルの字幕付き／なしの2種類をローテーション呈示し、質問に回答してもらった。音声は消した状態で実施した。CC は、非表示にできる字幕だが、調査では表示して調査をおこなった。
（５）本書第3章を参照。

横断タグ一覧表

　本書は、通読して「字幕・キャプション」研究書として読むほかに、それぞれの関心にあわせてテーマごとに読む「横断タグ」が配置されている。「横断タグ」は、各章で扱っている内容を章末ごとに整理している。ここに、本書の「横断タグ」の一覧表を掲載した。この一覧表は、本書で扱った理論・手法・話題などのチャートであり、同時に索引の役割も果たしている。「横断タグ」に従って読めば、自分が調べたいテーマをより深く知ることができ、その場合「字幕・キャプション」はテーマに関する具体例を示していることになる。各自の関心に合わせて、縦断的・横断的読みを組み合わせて、「字幕メディアの新展開」を楽しんでもらえれば幸いだ。

テーマA「社会・科学」──社会の考え方、調査法、および科学の技法
社会に対する理論や方法について考えたい場合の手がかりを整理した。量的・質的な社会調査法や、社会学理論、さらに科学・学問といった方法論を扱っている。
A1. 現代日本 　現在日本の課題（第1章、第9章） 　高齢化（第1章、第2章、第5章、第7章） 　「難聴新時代」（第1章、第7章、第8章） 　AT（Assistive Technology）革命（第1章、コラム3、第8章） 　ダイバーシティな社会（第9章）
A2. 社会理論 　「社会学的想像力」（第1章） 　社会問題の社会的構成（コラム1、第8章） 　（障害）当事者（第5章、第7章、第8章） 　家族社会学（第5章） 　科学技術社会学（第6章） 　アイデンティティ（第7章） 　規準（第8章） 　状況定義（第8章）
A3. 国際関係 　「障害者権利条約」（第1章、コラム1、第7章） 　アメリカ「電気通信法255条」（第2章） 　アメリカ「テレビデコーダ法」（第2章） 　アメリカ「リハビリテーション法508条」（第2章） 　アメリカ「21世紀における通信と映像アクセシビリティ2010年法」（第2章） 　WHO「国際生活機能分類」（コラム1） 　キャプションの国際状況（第2章、第9章）

A4. 社会調査法
　質問紙調査・量的調査（第3章、コラム2、第6章、補章）
　サンプル（コラム2、補章）
　単純集計（補章）
　クロス集計（第3章、コラム2）
　平均の比較（第4章、コラム2）
　検定（第3章、コラム2）
　クラスター分析（第6章）
　インタビュー調査・質的調査（第4章、コラム2、第5章、第7章、補章）
A5. 学問（科学）論
　立脚点・視角の設定（はじめに）
　仮説の設定（第1章）
　先行研究の整理（第2章）
　調査の実施（第3章、第4章、補章）
　分析・考察（第5章、第6章、第7章）
　結論（第8章）
　提言（第9章）

テーマB「福祉・障害」──福祉・障害学関連のトピックス

障害がある人、高齢の人といった社会福祉領域の話題をまとめ、その具体例の整理や分析をおこなっている部分である。

B1. 障害論
　「障害」の表記と定義（コラム1）
　聴覚障害（はじめに、第1章、第3章、第4章、第7章、第8章、第9章）
　難聴（はじめに、第1章、第3章、第4章、第5章、第6章、第7章）
B2. 社会福祉（高齢者含む）
　「社会モデル」（コラム1）
　高齢者福祉（第1章、第2章、第3章、第4章、第5章、第7章）
　障害者福祉（コラム1、第7章）
　ダイバーシティな社会（第9章）
B3. 合理的配慮
　「合理的配慮」の定義（第1章）
　「合理的配慮」の理論（第1章、コラム1、第8章）
　家族内における「配慮」（第5章）
　障害者の権利（第7章）
　合理性の規準（第8章）
B4. 社会的包摂・包括（インクルーシブ・インクルージョン）
　「障害者権利条約」（第1章、コラム1、第7章）
　インクルーシブ教育（コラム1）
　社会的マイノリティ（コラム1、第7章）
　インクルーシブな社会（第8章、第9章）
B5. 字幕（キャプション）制度・政策
　字幕・キャプションの定義（第1章）
　キャプションの政策（第2章、第9章）
　字幕付きCM普及推進協議会（第2章）、
　アメリカ「テレビデコーダ法」（第2章）
　キャプションの国際状況（第2章、第9章）
　キャプションのリテラシー（第6章）

テーマC「情報・メディア」——情報技術・メディア関連のトピックス

情報、メディアの領域に関する議論を横断的につないでいる。関連して支援技術（Assistive Technology）や共生といったトピックもある程度、網羅している。

C1. メディア論
　メディアの必要性（はじめに、第1章、第3章、第8章）
　メディアの可能性（第1章、第4章、第8章）
　メディアの調査法（コラム2、第6章）
　メディアとテクノロジー（第6章、コラム3）
　メディアの歴史（コラム3）

C2. 情報通信（テレビコマーシャル）
　テレビコマーシャル（第1章、第3章、第4章）
　テレビ視聴行動（第1章、第5章、第9章）
　情報保障（第1章、第2章、第7章、第9章）
　キャプションの量的拡大（第1章、第3章、第8章）
　キャプションの質的深化（第1章、第4章、第8章）
　情報社会論（コラム3、第8章）

C3. 支援技術（エンハンスメント）
　支援技術（第1章、コラム3、第8章）
　エンハンスメント（第1章、第8章）
　補聴器（第6章）
　サウンドアシスト（第6章）
　パソコンボランティア（コラム3）
　情報アクセシビリティ（第7章、コラム3）

C4. 共生（コンヴィヴィアリティ）
　「共生」の理論（はじめに、コラム3、第8章）
　コミュニケーションと共生（第5章）
　アクセシビリティと共生（第7章、コラム3、第8章）
　字幕・キャプションの新展開（第1章、第5章、第6章、第7章、第8章、第9章）
　コンヴィヴィアルなメディア（コラム3、第8章）

C5. リテラシー
　キャプションのリテラシー（第6章）
　テクノロジーのリテラシー（第6章）
　当事者のリテラシー（第5章、第6章、第7章、コラム3）
　メディア・リテラシー（コラム3）
　共生のリテラシー（第8章）

おわりにかえて

柴田邦臣

　私事で大変恐縮ながら、いま思い返しても2011年は自分という小さな存在にとっても衝撃的な年だった。それ以来、ここ5年間ずっと、「聴覚障害」——正確には「難聴」だが——のことだけを考えてきたような気がする。毎日のように難聴児通園施設に行き、ろう学校にも顔を出した（本当に出すだけだが）。本書はその営みと直接関係しているわけではないが、見直してみると、そこで教わったこと、経験したことが土壌になっていることが実感できる。最近やっと自覚したのだが、「大事なことほどうまく伝えられない」のがコミュニケーションの本質らしいので、この場をお借りしてはじめにお礼を申し上げたい。これまで出会い教えてくださった難聴・ろう、そしてほかの身体障害の当事者、聴覚障害の専門家、そしてパソコンボランティアなど支援技術の活動をされているみなさん、すべての方々に感謝している。早く字幕メディアの新しい時代が到来してリアルな場面でもキャプションが付くようになれば、私の緊張と口下手もアシストしてもらえるのだろう。そのときが待ち遠しくてならないし、到来しなければ、自分で「インクルーシブでコンヴィヴィアルなメディア」を作ってしまいたいとまで思っている。

　本書の研究は、筆頭著者である柴田邦臣（津田塾大学、当時・大妻女子大学）を代表とし、井上滋樹（博報堂）、吉田仁美（岩手県立大学、当時・昭和女子大学）が中心となって進めた。また調査実施については、歌川光一（名古屋女子大学、当時・日本学術振興会特別研究員）、阿由葉大生（日本学術振興会特別研究員・東京大学大学院）、神長澄江（博報堂ダイバーシティデザイン）らの協力を得て実施した。それぞれの章は、以上の第一著者が責任をもって執筆してきたが、とりまとめるべき私の逡巡のせいで執筆から時間がたってしまったため、場合によっては柴田が大幅に加筆しているところがある。論旨や用語の不統一はたいていはそのせいで、柴田が一身に責めを負うものであるところをご理解いただきたい。

　本書は出版のために、2015年度津田塾大学特別研究費（出版助成）を得た。そのほか、この研究成果は、2015年度電気通信普及財団研究調査助成、および科学研究費（基盤C・No.15K03959・研究代表者・柴田邦臣）の一環である。そのために尽力してくださった津田塾大学の方々、青弓社の矢野未知生

さんに深くお礼を申し上げる。

　また本書のための字幕付きテレビコマーシャルは花王から提供を受けたものである。花王からは調査研究助成を受け、博報堂ダイバーシティデザインが筆者らと共同研究調査を実施するかたちをとった。社会的にきわめて意味が高い、キャプションを自社のテレビコマーシャルに取り組んだ活動をしている花王には、その活動に心から敬意を表したい。さらに加えて、調査に必要な資金と研究の素材を提供していただくなど、多大なご支援をいただいたことに深くお礼を申し上げる。花王のような企業が取り組んでいる字幕付きコマーシャルは、まさにその新時代を切り開いているともいえる。その先見性を私たちは高く評価し、さらに広げていかなければならない。いまだに日本では「キャプションは耳の聞こえない人のもの」という誤解が残っている。しかし、コマーシャルのキャプション分析からみえるものは、字幕の文化的・社会的な可能性である。字幕は、単なる情報保障にとどまらない。それを表現の一形態と捉えることで、聴覚障害の地平に新しい表現の可能性、社会的なインクルージョンをもたらす契機を見いだすことができる。本書の結論として、キャプションをコマーシャルに革新をもたらしうるメディアとして評価し、その普及と精緻化を図っていく必要は断言できる。

　そして何よりも重要なのは、「字幕」をめぐる新しい展開が、ろう者・難聴者など、聴覚障害当事者といわれる方々が切り開いてきた産物だという事実である。本書の調査Ⅰ・調査Ⅱで多くの難聴の方々にご協力をいただいた。あらためて深くお礼を申し上げる。字幕がもたらす新時代が訪れるとしたら、それは第一にみなさんのものであり、続く次世代の難聴者・障害当事者のものである。もちろんその時代は、社会のすべての人に開かれている。

追記：本書出版の最終段階で、日本筋ジストロフィー協会宮城県支部で大学院生時代に苦楽をともにした坂本浩士氏がこの世を去ってしまった。彼は、私（柴田）がこの世界に入るきっかけを作ってくれた。私にできることはひとり、衷心からの感謝とともに本書に彼の名を記すことくらいだが、彼がどれほどの洞察力に満ち、勇気をたぎらせた男だったか、いまでもその姿がまぶたに浮かぶ。心の底から尊敬している。深く、ご冥福をお祈りいたします。

あの震災から5年がたとうとしている冬に　　編著者を代表して

［編著者略歴］
柴田邦臣（しばた・くにおみ）
1973年、愛知県生まれ
津田塾大学学芸学部准教授、メディアスタディーズ・コース運営委員長、インクルーシブ教育支援室ディレクター
専攻は難聴児の情報メディア支援、障害と社会参加、社会学
共編著に『「思い出」をつなぐネットワーク』（昭和堂）、論文に「ある1つの〈革命〉の話」（「情報処理」第56巻第12号）、「それだけは、美しく切り出されてはならない」（「社会情報学」第3巻第2号）、「生かさない〈生－政治〉の誕生」（「現代思想」2014年6月号）など

吉田仁美（よしだ・ひとみ）
1977年、岩手県生まれ
岩手県立大学社会福祉学部専任講師
専攻は障害者福祉とジェンダー
著書に『高等教育における聴覚障害者の自立支援』（ミネルヴァ書房）など

井上滋樹（いのうえ・しげき）
1963年、東京都生まれ
博報堂ダイバーシティデザイン所長、津田塾大学講師
専攻はダイバーシティとユニバーサルデザイン、芸術工学
弱視者に読みやすい文字、入居者に配慮した病院、途上国の貧困層向けの商品開発などの制作業務に従事、2015年カンヌ・クリエイティブフェスティバル審査員
著書に『〈ユニバーサル〉を創る！』（岩波書店）、『ユニバーサルサービス』（岩波書店）、『イラストでわかるユニバーサルサービス接客術』（日本能率協会マネジメントセンター）、共著に『巨大市場「エルダー」の誕生』（プレジデント社）など

［著者略歴］
歌川光一（うたがわ・こういち）
1985年、埼玉県生まれ
名古屋女子大学文学部専任講師
専攻は教育文化史、教育社会学、生涯学習論
共著に『発表会文化論』『クラシック音楽と女性たち』（ともに青弓社）、『学校文化の史的探究』（東京大学出版会）、論文に「二〇世紀初頭日本における「女子にふさわしい楽器」のイメージ」（「東洋音楽研究」第80号）など

阿由葉大生（あゆは・だいき）
1986年、メキシコ・シティ生まれ
日本学術振興会特別研究員（DC2）・東京大学総合文化研究科博士課程
専攻は文化人類学、科学技術社会論
論文に「'地域情報化'の形成過程」（「社会情報学」第3巻第3号）など

字幕とメディアの新展開
多様な人々を包摂する福祉社会と共生のリテラシー

発行	2016年4月10日　第1刷
定価	2000円＋税
編著者	柴田邦臣／吉田仁美／井上滋樹
発行者	矢野恵二
発行所	株式会社青弓社 〒101-0061 東京都千代田区三崎町3-3-4 電話 03-3265-8548（代） http://www.seikyusha.co.jp
印刷所	三松堂
製本所	三松堂

©2016
ISBN978-4-7872-3402-5 C0036

藤代裕之／木村昭悟／一戸信哉／伊藤儀雄 ほか
ソーシャルメディア論
つながりを再設計する

ソーシャルメディアを使いこなし、よりよい社会をつくっていくための15章。歴史的なプロセスや現状の課題、今後の展開をわかりやすく解説する、ありそうでなかった「ソーシャルメディア論」の教科書。　定価1800円＋税

飯田 豊
テレビが見世物だったころ
初期テレビジョンの考古学

「戦後・街頭テレビ・力道山」という放送史の神話によって忘却された近代日本のテレビジョンと、その技術に魅了された技術者・政治家などの多様なアクターの動向を史料から丹念に跡づける技術社会史。　定価2400円＋税

長谷正人／太田省一／難波功士／高野光平 ほか
テレビだョ!全員集合
自作自演の1970年代

『8時だョ！全員集合』『ザ・ベストテン』などの番組を取り上げて、バラエティ・歌番組・ドキュメンタリー・ドラマなどのジャンルごとに1970年代のテレビ文化の実相を読み、テレビ文化の起源を探るメディア論。　定価2400円＋税

黄菊英／長谷正人／太田省一
クイズ化するテレビ

啓蒙・娯楽・見せ物化というクイズの特性がテレビを覆い尽くし、情報の提示そのものがイベント化している日本のテレビの現状を、韓国の留学生が具体的な番組を取り上げながら読み解く「テレビの文化人類学」。　定価1600円＋税

太田省一
社会は笑う・増補版
ボケとツッコミの人間関係

マンザイブーム以降のテレビ的笑いの変遷をたどり、条件反射的な笑いと瞬間的で冷静な評価という両面性をもったボケとツッコミの応酬状況を考察し、独特のコミュニケーションが成立する社会性をさぐる。　定価1600円＋税